本書獻給大小黃——我的先生與孩子——
因為有你們吃光所有（成功與失敗的）菜餚，才有這本書的誕生。

也獻給我的母親——
每當我站在廚房，便時常想起您的背影，以及記憶裡熟悉的味道。

Check!

米米家的萌餐桌

小孩&大人都愛不釋口的料理書

野

作者序

當與所愛的人圍在餐桌旁，一邊分享自己親手製作的料理，一邊分享彼此的生活；
這樣美好的時光，使得花在廚房裡的每分每秒，都有了回報。

我的兒子今年三歲半。他不吃pizza，冰淇淋只吃兩口。
他愛吃我煮的菜。

從兒子5個月大的第一口副食品起，每餐幾乎都是我親手製作。嬰兒時期，為了迎
合那剛來到世界上的、小小的胃，我戰戰兢兢，從食材、調味到烹調方式都全力配
合。然而，「煮飯」只是新手媽媽眾多日常工作之一，為了提高效率，我時常煮類
似的菜色——最簡單不出錯的那種。當時，煮飯對我而言是種責任，料理是生存的工
具，目標是餵飽手上的寶寶、家人和自己。一日三餐、日復一日，彷彿複製貼上的
生活，煮飯成為一件我希望可以快速打勾的代辦事項，瑣碎、重覆而單調。有段時
間，我甚至連走進廚房都覺得疲倦。

然而，料理可以帶給我們的影響，其實遠大過於填飽肚子而已。我開始意識到，每
日用餐的時光，是一家人最常坐下來聚在一起的時刻；餐桌上準時亮起的燈、擺好
的碗筷、食物的熱氣和香味，互相夾菜、彼此餵食的忙碌的手，是我熟悉且每天期
待的、幸福的日常。這正是我心中，一個家的模樣。為了這樣的時刻，我能否再做
些什麼，豐富日後的回憶？

於是，我踏出舒適圈，把煮飯當做每日給自己的挑戰。一天一點，嘗試新的食材、
各種作法、不同的擺盤、陌生的料理工具。家人愛吃的菜色，能變出什麼新的花
樣？孩子不接受的食材，怎麼做才能讓他大口吃下肚？如此轉念一想，在廚房的時
光便開始有趣起來；看似一成不變的日子，也有了流動的感覺。過程中即使失敗，
我仍視為是種進步；一旦成功，不僅滿足家人的胃，更滿足了我的心。

市面上有很多美味的食譜，也有專屬於小小孩的菜色。然而，若每一餐都要分開準
備大人與小孩的餐點，就得付出加倍的時間和力氣。我時常想，如果有辦法做出配
方適合小孩，口味也能取悅大人的料理就好了。

這便是本書的初衷。

孩子吵著要吃炸物怎麼辦？不適合孩子食用的料理酒，要用什麼替代？這本書記錄每日試驗下成功的配方和作法；也記錄了那些，為了看到孩子與家人的笑容而努力的日子。書裡有些食譜是餐桌上的長青款、每次煮都覺得好吃的料理；有些則是經過多次調整，直至找到我與家人們都喜歡的味道。

現在孩子稍大了，偶爾犯懶想休息的時候，我們會出門覓食，或點外賣來吃。我發現每次外食，兒子吃得就會比平常少。因此，只要可以，我幾乎天天下廚，捲起袖子為所愛的人們作菜。

如法國作家聖修伯里在《小王子》裡說的：「正是因為你在玫瑰身

上所花費的時間，讓她變得如此重要。」家常餐桌上的料理，或許不是最特別、最美味，但卻蘊藏對家人滿滿的愛。真正無可取代的，是那些願意花在家人身上的時間，以及家人間彼此陪伴的時間。我相信，總有一天，那些在廚房裡努力的每分每秒，化做道道菜餚，餵養全家人身體和心靈的每一個日子，終將成為印記，深植在彼此心田，成為記憶裡「家」的味道。

目 錄

【飽足感主食料理】一天的活力來源

米飯類

麵／冬粉類

馬鈴薯／地瓜

【熱呼呼湯品】暖身也暖心

【野餐便當盒】
媽媽的快樂取決於出門走了多遠

【與孩子的甜蜜點心時光】自己做，最安心

【有一點點難度的麵點課】花式饅頭

一些在開始料理之前
想說的事

不只是專為小小孩設計的食譜
— 天然調味與烹調方式的選擇

孩子的飲食，除了營養要均衡，調味也要適當。但誰說一定要清淡無味才健康？利
用食材天然的味道，搭配不同的烹調方式，加上色彩豐富的擺盤，健康的餐點一樣
可以漂亮又好吃！不但讓孩子吃得安心，大人也能吃得開心。

鹽，加？不加？

根據美國兒科學會（註一）的建議，1歲前的寶寶只要飲食均衡，便可從天然食物裡
攝取足夠的鈉，不需額外添加鹽分。1歲過後，我把鹽當作對付挑食孩子的祕密武
器：不愛吃的青菜？加一點鹽調味。沒有胃口的厭食期？加一點鹽引起食欲。孩子
的味蕾敏感，只需要一點點調味上的改變，就能察覺不同之處。

目前我與孩子共食料理所使用鹽的份量，也就是本書收錄的食譜份量，約是一般成
人的清淡口味。燉湯一類的料理，我會提供原味給孩子，再依個人口味另外添加
鹽。如果料理的對象是小小孩，可以先減少鹽的份量，再慢慢嘗試增加。

註一：American Academy of Pediatrics (AAP)

10

只要不是過量，加或不加，我認為沒有一定的原則。 比起鹽，我更堅持避開的，是酒精、人造色素和添加物，以及香腸、火腿等加工食品。

蒸、煮、炒、炸

兒子人生中第一口真正的「食物」，不是傳統的幾倍粥泥，而是燉湯裡清甜的紅蘿蔔和洋蔥。依循兒科醫師的指示和建議，在嬰兒時期，我多以不調味的清蒸和燉煮料理為主。清蒸可以保留食物的鮮味和營養，大人也難得跟著享受食材天然的鮮甜口感；燉煮能夠融合食材的精華，而燉煮出來的湯頭，只要加上簡單調味就能適合大人食用。

兒子大約7個月大起，我開始加入煎、炒的方式，讓料理更多變化；選擇適合的油品，就可以放心給孩子食用。2歲後我偶爾會製作「偽炸」料理，如書中收錄的各式可樂餅和豬排食譜，不需油炸也能享受酥脆口感，孩子及大人都喜愛。

大自然的調味料

炒過的洋蔥和蘿蔔味道清甜，番茄、柑橘的酸甜清香，干貝、蛤蜊及魚類等海鮮帶有天然鹹味，利用蜂蜜取代砂糖（註二）……天然的食材其實已經具備豐富的味道。另外還有基本的辛香料如蔥、薑、蒜、胡椒；香草如巴西利、奧勒岡、月桂葉、羅勒、薄荷等，皆能為料理增香。只要是天然的食材，我都會不避諱的使用看看。

註二：1歲以下幼兒不宜食用蜂蜜

天然食用色素

孩子其實也是視覺動物，多彩的顏色更容易吸引孩子的注意力。選擇帶有明亮鮮豔色彩的天然食材，不僅蘊含豐富營養，更能為餐桌搭配出如同彩虹一般的美麗風景。

顏色	天然食材	參考料理
紅色	番茄、草莓	番茄紅醬義大利麵（P.30） 番茄羅宋湯（P.114）
橘色	紅蘿蔔、地瓜、鮭魚、蝦子	奶油鮭魚燒（P.74） 涼拌芝麻絲帶蘿蔔（P.86） 鮮蝦毛豆飯糰（P.130）
黃色	玉米、南瓜、鳳梨	南瓜起司燉飯（P.20） 鮮蝦鳳梨炒飯（P.24） 奶油玉米濃湯（P.118）
綠色	葉菜、綠花椰菜、酪梨	酪梨青醬義大利麵（P.34） 香菇蔬菜蒸餃（P.98）
藍紫色	芋頭、紫薯、藍莓、櫻桃	紫芋甜心三明治（P.132） 芋頭夾心銅鑼燒（P.160）
白色	山藥、馬鈴薯、蓮藕、白蘿蔔	山藥蝦餅（P.78） 香酥藕片（P.87） 白玉鑲肉（P.94）

工欲善其事，必先利其器
── 每天用的杯碗盤怎麼選？
- ### 一次看懂！4大類材質比較分析

市面上的兒童餐盤、餐碗琳琅滿目，要如何為孩子挑選？造型款式部分，首先要考慮孩子平常的飲食習慣：採用自主進食法或以手指食物為主的寶寶，適合大盤面的造型；若想訓練孩子使用餐具，選擇附帶吸盤的款式、有深度的盤緣及碗口凹槽設計，能協助孩子順利將食物舀起，增加成就感。喜歡食物「乾溼分離」的孩子，可以挑選有間隔的分隔餐盤；反之則選擇寬口的大碗，方便盛裝和清洗。

另外,材質的安全性也非常重要。目前常見的兒童餐盤材質可分為以下幾種:

矽膠

矽膠餐盤最大的特點是多彩的顏色及可愛造型,讓孩子(甚至連大人也)愛不釋手。不過由於材質的特性,使用久了容易吸附油脂、異味或染色;清洗時可先用乾燥的手指沾取小蘇打粉,以畫圓的方式磨擦吸收髒汙,再用中性清潔劑搭配溫熱水清洗。若有嚴重異味或染色的情況,可以浸泡於加了過碳酸鈉的熱水中,或以滾水煮沸5分鐘。

不鏽鋼

選擇食品級不鏽鋼,安全耐用,重量輕巧,清潔保養方便,非常適合日常使用。不過若是單層不鏽鋼,盛裝熱食容易燙手,幼童使用需注意安全。若使用金屬餐具,碰撞可能會發出較大的聲響。清潔建議使用柔軟的海綿,避免刮傷。

木／竹製

木製及竹製餐具材質溫潤、質感細膩,溫暖的色調更容易襯托食物的美味,是優雅餐具的首選;天然材質可自然分解的特性,對環境更加友善。由於材質含有孔隙,使用後建議盡快清洗、陰乾,定期塗抹食用油預防乾裂,並收納於通風處避免發霉。若吸附異味,可以塗抹檸檬汁幫助去除。

其他

常見的還有塑膠(含美耐皿、Tritan)、陶瓷、及複合性材質如竹纖維等。塑膠不建議盛裝熱食,並且應定期汰換;大一點的孩子可以開始練習使用陶瓷製品;至於竹纖維或其他新興材質,建議多方了解其製程是否符合相關規範,並選擇有良好信譽的品牌較有保障。

不同材質的餐盤比較

	適用年齡	吸盤	清潔與保養	洗碗機	高溫消毒	優點	缺點
矽膠	4個月以上	大多為一體成形	溫熱水搭配小蘇打粉、中性清潔劑，軟布擦乾預防水漬	可	可	款式多樣、吸盤吸力強	易吸附異味
不鏽鋼	4個月以上	可外加	海棉、中性清潔劑，烘乾或自然晾乾	可	可	輕巧耐用、易清潔	高溫燙手
木/竹製	4個月以上	可外加	海棉、中性清潔劑，陰乾並收納於通風處，定期塗抹食用油	不可	不可	環保、質感佳	需定期保養
塑膠	4個月以上	無	海棉、中性清潔劑，自然晾乾	部分可	不可	重量輕巧、價格實惠	汰舊率高、不建議盛裝熱食
陶瓷	1歲以上	無	海棉、中性清潔劑，烘乾或自然晾乾	可	可	材質安全、融入日常餐桌	易碎
竹纖維	4個月以上	依品牌而定	海棉、中性清潔劑	依品牌而定	依品牌而定	款式多樣	需注意材質及製程

● 另外還有這些陪伴孩子吃飯的好東西

餐具

使用頻率極高的叉匙組，選擇短而粗的握柄，方便小手抓握，讓剛開始學習使用餐具的孩子更容易上手。如果經常吃麵食，可以考慮前端有波浪設計、叉起不易滑落的款式。材質方面，不鏽鋼堅固耐用；月齡較小的寶寶則可以選擇匙面小、柔軟有彈性的矽膠，還能兼有固齒器的作用。

圍兜

推薦矽膠材質、附有口袋一體成形的圍兜，無縫隙好清洗、餐與餐之間無需等待晾乾，立體口袋造型能有效承接食物，方便清理。然而矽膠圍兜有一定的重量，月齡較小的寶寶、脖子肌膚敏感的孩子、或是常常自行將圍兜扯下的時期，可改用防水布面材質、於背部後綁式的圍兜。想要放手讓孩子自行進食，不妨考慮下襬可與餐桌黏貼接合的款式，承接食物範圍更大，減少餐後清理的麻煩。

食物剪

選擇不鏽鋼材質、可拆卸的款式容易清洗；易於攜帶的尺寸方便外出時使用。平常在家我會準備一把專用的熟食料理剪，刀刃長、把手好握，剪起來更省力。

餐椅

為了讓孩子養成使用固定餐椅的習慣，並保持良好用餐姿勢，我選擇可隨孩子成長而調整高度的餐椅。另外，餐椅的安全性、好清理的材質、是否能融入餐桌的造型設計也是考量的因素。

餐墊

不是必需，但可以節省整理桌面的時間。

每分鐘都珍貴的育兒路，煮飯別忘了偷吃步
——事先備料、妥善保存，省時省力更輕鬆

食材分類及保存

每次採買回來後，我習慣進行初步的食材分類和整理工作。雖然要花上一些時間，但妥善收納保存的食材不但方便料理時取用，更可以延長食材的保鮮期。

- 肉類以每餐要食用的份量為單位，一次分切成料理適合的大小，密封冷凍保存並標示日期和內容。
- 葉菜類以白報紙或廚房紙巾包裹，密封冷藏；番茄放置室溫通風處盡快食用完畢。
- 菇類不需清洗，切除根部土塊後，裝入保鮮袋擠出多餘空氣，密封冷凍。
- 根莖類依食材特性分開處理：紅、白蘿蔔切除頂端葉片，以白報紙包裹冷藏保存。馬鈴薯畏光，以深色紙袋包好放置於陰涼處，若發芽則不宜食用。整顆洋蔥放置乾燥通風處，切開後則改為密封冷藏。蓮藕洗淨後整顆放入保鮮盒並以冷水浸泡，密封冷藏。

善用冷凍庫

很多食材，冷凍保存比冷藏更新鮮；先分切好再放進冷凍庫，烹調時直接取出更方便。

- 馬鈴薯、地瓜、南瓜、芋頭等根莖類，可以去皮切塊蒸熟後冷凍保存。
- 蔥花、薑片洗淨切好冷凍，需要時不需解凍直接取用。
- 米飯、麵包等澱粉類，冷凍更能減緩澱粉老化速度，維持新鮮口感。
- 菇類、蘿蔔若是用來煮湯，冷凍不影響口感，可依每次料理所需份量分裝保存。

除此之外，部分料理如燉湯、焗烤，或是費工的肉丸、可樂餅，可事先作好或一次製作大量冷凍保存，取出複熱即可快速上桌。

分身好幫手：烤箱和電鍋

簡單的料理方式除了爐煮，還可以利用其他小家電來完成。本書收錄多道烤箱及蒸煮料理，即使一邊照顧小孩、一邊做家事，也能輕鬆又準時的出餐。

小小吃貨養成計畫
——餐桌禮儀與生活美學

規律的作息

配合孩子起床、午休與就寢的時刻，定下全家人都能遵守的時間表。每日盡可能的準時提供三餐，幫助孩子在餐前不但有生理上的饑餓感，也能產生心理上的期待感。

開放的態度

對於食材不預設立場。不因為自己討厭就不煮；同樣的，也不因為孩子不喜歡而避開。鼓勵孩子嘗試，但不勉強；對於新的食材，給予孩子從認識、熟悉到接受的時間。我的兒子小時候不吃馬鈴薯和四季豆，但透過讓這些食材不斷的在餐桌上以各種型態的料理出現，現在他已經不再排斥。意外的是，我也在育養孩子的過程中，重新愛上玉米、芹菜等自己本來不喜歡的食材。

儀式感

餐桌上的儀式感，並不一定需要花俏的道具或是豐盛的大餐，而是培養孩子良好的用餐習慣，連帶建立用餐禮節。「用餐時刻與其他時刻不同，用餐時刻有特定該做的事」：飯前洗手，戴上圍兜，坐上固定的餐桌椅，擺放專屬的餐具、水杯、擦拭嘴巴和雙手的小毛巾；用餐專心不亂跑、不看電視、不玩玩具，細嚼慢嚥但不拖延；飯後擦嘴清理，等待所有人用餐完畢才離開飯桌，自己將碗筷放到水槽……這些看似簡單卻繁瑣的流程，透過一次又一次重覆的習慣養成，讓孩子逐漸熟悉，進而產生規律的安全感。

另外，隨著四季更迭而變換的餐桌菜色，如初春的韭菜、夏日的芒果、涼秋的蓮藕、冬季的燉湯，讓當季食材帶領著時光的流轉，也是一種規律循環。

在特殊的日子——例如生日或節日，規劃與平常不同的餐桌氛圍和活動，能讓孩子建立期待。孩子生日的時候，我會烤蛋糕或小餅乾，除了慶祝，同時也讓孩子理解「這可不是天天有的喔！」。

最後，與孩子一同進食，亦是儀式感的一部分。盡可能的全家一起坐在餐桌旁、分享食物、閒話家常，讓儀式感建立生活的秩序，也創造家人間共同的回憶。

飽足感主食料理
一天的活力來源

飽飽能量的來源不只有米飯和各種麵類，
也別忘了地瓜、馬鈴薯等根莖類。
18 道不同的主食料理，
天天變化絕對吃不膩。

rice 1

南瓜起司燉飯

時間：35分鐘
份量：2大1小

材　料

生米　1杯（約160g）
水　850ml（見note）
鹽　1/4小匙
洋蔥　1/2顆（約80g，切碎）
蒸熟栗子南瓜　250g
奶油　30g
哈伐第（Havarti）起司片　2片

步　驟

1 栗子南瓜去皮切大塊，蒸熟後取250g，以叉
　子壓成泥狀；可保留部分小塊增加口感。

2 洋蔥切碎備用。

3 鍋中下一大匙油，放入洋蔥中小火炒至半透
　明；再放入洗淨的生米翻炒均勻。

4 將鹽加入水中攪拌均勻，分次倒入鍋中，每
　次倒入蓋過米和洋蔥的水量即可；以小火燉
　煮，不時用鍋鏟攪拌。當水分被米飯吸收後
　再倒入下一次，重覆至米飯膨脹變白，外部
　鬆軟，內芯稍硬（約10分鐘）。

5 加入南瓜泥和剩餘的水，攪拌均勻，小火燉
　煮至米飯達到想要的熟度（約5分鐘）。

6 加入奶油和起司片，煮至融化。

Note!

● 每顆南瓜水分含量不同，燉煮
　的過程中水分蒸散的速度也不
　一定；若成品太乾可額外加入
　水分調整。

● 多餘的蒸熟南瓜放涼後冷凍保
　存，隨時取出使用。

● 市面上的起司片有些納含量偏
　高，購買時記得注意成分標
　示，並盡量挑選不含添加物的
　天然起司為宜。

含水量高、口感軟糯的燉飯，
最適合做為銜接副食品和正餐的第一道料理。
香甜的栗子南瓜，
除了含有提供飽足感的澱粉，
更有大量β-胡蘿蔔素；
搭配淡淡奶香起司，營養滿滿。

rice 2

香菇雞肉炊飯

時間：20＋45分鐘（香菇記得提前泡發喔！）
份量：2大1小×2餐

材　料

雞腿肉　100g
紅蘿蔔　50g（切絲）
乾香菇　5朵
昆布　1小片

調味醬汁
醬油　1大匙
開水　1大匙
砂糖　1/2小匙

昆布香菇水　2杯（約360g）
米　2杯（約340g）
鹽　1小匙

步　驟

1 乾香菇及昆布放入380g冷開水，泡發至少1
小時至軟。香菇撈起擰乾後切薄片，昆布切
絲細。昆布香菇水過濾去除雜質，留下360g
備用。

2 雞腿肉切成一口大小，鍋中加入一匙油，中
大火煎至表面變色即可撈起備用。

3 保留煎完雞肉剩下的油，原鍋中火快炒紅蘿
蔔絲、香菇至變色，加入昆布絲和混合好的
調味醬汁，小火翻炒至香味出來。

4 米洗淨瀝乾放入電鍋，加入預留的昆布香菇
水和鹽，再放上炒香的配料，以一般煮飯行
程炊煮。完成後以飯匙翻拌均勻，時間許可
的話，蓋上蓋子燜10分鐘更入味。

Note!

● 煎雞肉逼出的雞油、及泡過昆布和香菇的水皆能為炊飯增香，請務必留下。若時間來不及，可使
用溫水浸泡並於容器加蓋以加快泡發速度；亦可於前一晚將香菇及昆布泡在冷開水中，密封冷藏
過夜，風味更加濃厚。

● 綠色蔬菜不適合長時間炊煮，可於飯快煮好時另外汆燙或炒熟，再放入煮好的炊飯。建議搭配甜
豆、秋葵或花椰菜等汆燙後仍然爽脆的蔬菜，使炊飯口感更加豐富。

● 剩餘炊飯可冷藏1天或冷凍保存2週，以微波或蒸爐複熱即可食用。

和各類新鮮食材一起燜煮，
米飯吸收飽飽的精華湯汁，
是收服挑嘴小孩的祕密武器。

Rice 3

鮮蝦鳳梨炒飯

時間：30分鐘
份量：2大1小

材　料

冷藏隔夜白飯　200g
蛋黃　1顆
鹽　1/4小匙
油　1小匙

蝦子　10隻
鳳梨　80g
紅椒　1/4顆（約40g，切丁）
洋蔥　1/4顆（約40g，切丁）
毛豆仁　20顆

步　驟

1　用刀子將鳳梨從頭部往下縱向剖半，用湯匙挖出中心果肉後切成2公分大小的塊狀。

2　隔夜白飯加入蛋黃、鹽、油，用手指以抓捏的方式混合均勻。

3　平底鍋熱1小匙油，中火將蝦子煎至兩面變色後取出；再下2大匙油，中大火半煎炸鳳梨兩面各15秒，熄火將鳳梨取出備用。

4　利用鍋中剩餘的油，中火將洋蔥炒至半透明後，加入紅椒快炒1分鐘至變色。放入步驟2的白飯，翻炒至白飯乾鬆、金黃。最後加入毛豆及炒好的蝦子和鳳梨，拌炒均勻。

Note!

● 挖取鳳梨果肉時，可先用刀子劃過側邊，再以湯匙挖取果肉。過程中會擠出部分果汁和碎果肉，建議另外收集做成配餐的果汁，不要加進炒飯裡，以免過溼影響口感。

● 鳳梨用高溫稍微煎過，可以鎖住水分；冷藏後的隔夜白飯充分吸收蛋黃液，更容易炒得粒粒分明。

集結澱粉、
蛋白質和蔬菜的炒飯，
一碗就能滿足均衡營養的需求。
將鳳梨事先炒過，
去除銳利的口感，
留下酸甜的開胃滋味，
從視覺到味覺都滿足。

rice 4

鮭魚湯泡飯

時間：20分鐘（請預先準備高湯）
份量：2大1小

材　料

白飯　150g
醬油　1/2小匙
柴魚片　2g
奶油　10g
帶皮鮭魚片　100g

昆布柴魚高湯　400g
（參考P.110「日式柴魚昆布高湯」）
鹽　1/4小匙

白芝麻　適量
海苔絲　適量
青蔥　適量

步　驟

1 鍋中下一小匙油，鮭魚皮朝下放入，用中小
　火煎逼出魚油，再翻面煎至熟。

2 煎鮭魚的同時準備飯糰：白飯加入醬油及柴
　魚片輕輕拌勻，用模型做成三角飯糰，飯要
　壓實以免散掉。

3 魚煎熟後盛起，以叉子分散成碎狀備用。利
　用鍋中剩餘的魚油煎香飯糰兩面，若油不足
　或想增加香氣，可加入奶油以中小火煎至飯
　糰表面微微焦黃。

4 高湯加入鹽，煮滾後熄火備用。

5 將飯糰放入碗中，舖上鮭魚碎、海苔絲及青
　蔥，均勻淋上煮滾的高湯，撒上白芝麻。

Note!

● 若沒有模型，則以保鮮膜包裹白
　飯後用手塑型。

● 使用紅藜飯，口感更豐富。紅藜
　飯作法參考P.136。

大人小孩都喜歡的日式湯泡飯！
不管是一口飯一口湯、還是和在一起大口吃，
搭配香煎鮭魚和海苔，
每一口都是幸福的滋味。

清炒鮭魚義大利麵

時間：15分鐘
份量：2大1小

材　料

螺旋義大利麵（Rotini）　200g
鮭魚排　250g
細蘆筍　8根（切成4～5公分長的小段）
甜椒　1小顆（切粗絲）
蒜　1瓣（去皮，拍扁）
黑白芝麻　適量
黑胡椒　適量
黃檸檬　2片

步　驟

1. 起一鍋水（約2公升），水滾後放入1大匙鹽（約15g）及義大利麵攪拌均勻，依包裝建議時間烹煮。

2. 鮭魚排切成約2公分的一口大小，魚皮向下放入平底鍋中火煎至出油，轉中小火再翻面煎至每一面酥脆，盛起備用。

3. 利用鍋中剩餘的魚油，放入蒜瓣爆香，加入蘆筍及甜椒拌炒至變色。算好煮麵的時間、放入剛煮好的麵，撒上黑白芝麻及胡椒拌炒均勻，放入魚塊即可盛盤。

Note!

- 帶皮魚肉冷凍時最好切，可於前一天晚上自冷凍庫取出切塊後放至冷藏解凍，要煎之前取出退冰至接近室溫。

- 煮麵水中加入適量鹽來調味義大利麵，翻炒後無需再另外調味；略帶鹹味的麵體搭配清甜的蔬菜、酥脆的鮭魚排，依喜好淋上檸檬汁，清爽又美味。

將義大利麵與鮭魚一起拌炒，
利用富含omega-3脂肪酸的魚油拌麵，
香氣十足、營養滿分。

Noodles 2

番茄紅醬義大利麵

時間：30分鐘
份量：2大1小

材　料

筆管義大利麵（Penne）　200g
玉女番茄　20顆（其中12顆對半切）
蒜　2瓣（切末）
洋蔥　1顆（約160g，切丁）
豬絞肉　350g
牛番茄　1顆
蘑菇　6顆（約160g，切片）
月桂葉　2片
奧勒岡　適量
羅勒　適量
鹽　1/2小匙

步　驟

1 牛番茄洗淨後於底部畫十字型切口，劃破表皮即可，不需穿透果肉。

2 起一鍋水（約2公升），水滾放入牛番茄氽燙30秒，取出放涼至不燙手，即可從底部切口剝除外皮。去除中心硬梗後切丁，或用攪拌機打成泥狀。

3 另取平底鍋下一大匙油，將絞肉分成小塊團狀，先煎至表面焦脆金黃，再用鍋鏟鏟碎翻炒；翻炒同時加入洋蔥和蒜末，炒至豬肉變色、洋蔥呈半透明狀。

4 放入蘑菇和步驟2的番茄丁（或泥）及玉女番茄中火翻炒，撒上香料及鹽，轉小火燉煮10分鐘。燉煮醬汁的同時，用剛剛燙番茄的水煮義大利麵：2公升滾水加入2小匙鹽（約10g）及義大利麵，依包裝建議烹煮時間減少2分鐘。

5 煮好的麵撈起放入醬汁中翻炒均勻，再燉煮2分鐘。

Note!

● 使用不同品種的番茄一起燉煮，使醬汁更有層次。利用蘑菇和番茄本身的水分燉煮而成的湯汁濃厚、味道鮮美。小番茄保留部分不切，整粒咬下有爆漿的滋味，剛煮好十分燙口請小心食用。

酸甜的番茄紅醬是孩子接受度很高的口味，
做好的紅醬不但可以拌麵，
也可以配飯、燉肉丸、夾麵包，
是非常好用的基礎醬汁。
市售紅醬大多鈉與糖含量偏高，
利用多種番茄燉煮熬成的自製紅醬，
更天然也更健康。

Noodles 3
奶油蘑菇義大利麵

時間：15分鐘
份量：2大1小

材　料

蝴蝶義大利麵（Farfalle）　200g

蘑菇　6朵（約160g，切片）

蒜　2瓣（切末）

奶油　25g

油　1大匙

牛奶　200ml

動物性鮮奶油　50ml

鹽　1/4小匙

黑胡椒　適量

煮麵水　2大匙

步　驟

1 起一鍋水（約2公升），水滾後放入2小匙鹽（約10g）及義大利麵，依包裝建議烹煮時間減少2分鐘。

2 鍋中放入油及奶油，以小火加熱至奶油融化，放入蒜末炒香，再放入蘑菇翻炒至出水。

3 加入牛奶、鹽和黑胡椒，一邊攪拌一邊以小火煮至牛奶接近沸騰，加入鮮奶油拌均。

4 放入煮好的義大利麵和2大匙煮麵水，與醬汁拌均後續煮2分鐘至醬汁稍微濃稠。

以牛奶取代大部分的鮮奶油，
讓醬汁充滿奶香卻不膩口。
搭配鮮甜的蘑菇，
簡簡單單的好滋味。

Noodles 4
酪梨青醬義大利麵

時間：15分鐘
份量：2大1小

材　料

細筆管義大利麵（Pennette Rigate）　200g

酪梨果肉　80g

新鮮羅勒葉　15g

松子　20g

蒜　2瓣

鹽　1/4小匙

黑胡椒　1/8小匙

檸檬汁　2小匙

水　2大匙

橄欖油　1小匙

帕馬森起司粉　適量

步　驟

1 起一鍋水（約2公升），水滾後放入1大
　匙鹽（約15g）及義大利麵，依包裝建議
　時間烹煮。

2 平底鍋不加油，將松子以小火烘至金黃
　（或用烤箱烘烤）。

3 酪梨去皮去核取出果肉，羅勒葉洗淨甩
　乾水分，加入15g炒好的松子及所有調味
　料，以攪拌棒攪打均勻。

4 煮好的麵撈起瀝乾，拌入酪梨青醬，撒
　上剩餘松子及適量起司粉。

Note!

● 青醬攪打時間不宜過長以免青
　醬過熱變黑。麵煮好後淋上青
　醬不需加熱，拌均勻即可。

● 酪梨買回來需放置室溫，待表
　皮變黑、蒂頭一撥即掉、輕按
　果肉微軟即是成熟。成熟的酪
　梨需以白報紙包裹後冷藏保存
　並盡快食用完畢。

酪梨又稱「幸福果」，號稱「世界上營養最豐富的水果」；
在美洲的原產地被稱為「森林的奶油」。
利用它柔滑的口感、堅果味的香氣、以及富含脂肪的特性，
加上新鮮香草和烘烤過的松子，就能做出層次豐富、口感清新的青醬醬汁。
這道酪梨青醬除了拌麵，做為吐司抹醬也非常適合。

Noodles 5

經典起司通心麵

時間：15＋20分鐘
份量：2大1小

材 料

彎管義大利麵（Macaroni） 200g

無鹽奶油 50g

中筋麵粉 35g

全脂牛奶 580ml

熟成切達起司 140g（刨成細絲）*（見Note）*

淡味切達起司 60g（刨成細絲）

鹽 1/4小匙 *（見Note）*

Note!

- 切達起司熟成時間愈久，風味愈濃厚。混合二種或以上不同的切達起司，可使醬汁味道更豐富。起司是這道料理的靈魂，建議選擇不含添加物的整塊天然切達起司，於製作前用刨刀刨成細絲，風味更佳。

- 製作醬汁需要耐心，步驟2全程以小火進行，避免牛奶煮滾產生腥味；加入起司後將火轉至最弱，利用醬汁的熱度來融化起司，才能做出滑順的起司醬汁。

- 有些起司帶有鹹味，建議於所有材料均勻融化之後先嚐試鹹度，再加入鹽調整。若使用有鹽奶油，鹽的份量亦需減少。

- 可事先完成步驟1～4後冷凍保存，食用當日取出進行步驟5（烤箱時間增加5～8分鐘）。

步 驟

1 起一鍋水（約2公升），水滾後放入2小匙鹽（約10g）及義大利麵，依包裝建議烹煮時間減少2分鐘。同時將烤箱預熱至攝氏175度。

2 準備起司醬：取一湯鍋，小火融化奶油，再拌入麵粉，以鏟子慢慢攪拌均勻。接著分3～4次倒入牛奶，每次倒入牛奶都要確實攪拌至看不見奶油麵糰。全部牛奶倒入之後，持續小火燉煮7分鐘，期間不時攪拌，至醬汁稍微濃稠。

3 轉微火，加入切達起司，攪拌至融化。嚐試起司醬味道，再加入鹽調整。

4 拌入煮好的麵，盛裝至耐熱容器，表面可撒上額外的起司。

5 入烤箱以攝氏175度烤20分鐘至醬汁膨脹微滾，表面起司融化上色。

牛奶起司醬配上彎管麵的組合，
這道經典料理不僅香濃可口，
牛奶和起司更能為發育中的孩子
補充大量鈣質和蛋白質。

雞絲涼麵

Noodles 6

時間：20分鐘
份量：2大1小

材　料

雞胸肉　300g
紅蘿蔔　半根（約70g）
小黃瓜　半根（約120g）
油麵　400g

涼麵醬汁
原味無糖花生醬　2大匙
芝麻油　1大匙
香油　1大匙
香士吉橙　半顆榨汁（約50ml）
醬油　1大匙
鹽　1/4小匙

白芝麻　適量

步　驟

1 煮一鍋水（約1.2公升）加入1/4小匙鹽巴攪拌均勻，水滾後放入雞胸肉，轉中小火保持滾的狀態3分鐘，蓋上蓋子熄火燜15分鐘。取出放涼，用手或叉子剝成絲狀。

2 紅蘿蔔切細絲，以鹽水浸泡5分鐘，洗去鹽水瀝乾備用。

3 將小黃瓜表皮洗淨擦乾，用刀切或刨刀刨成細絲。

4 調製醬汁：花生醬以微波加熱10秒使其稍微融化，再加入其他所有材料攪拌均勻。

5 油麵入滾水煮1分鐘後撈起盛盤，擺放配菜，淋上醬汁，再撒上白芝麻。

Note!

● 以餘溫燜熟的雞胸肉，可保留軟嫩多汁的口感。

● 白芝麻可以事先炒過或用烤箱烘烤，香氣更足。

嫩雞胸肉絲搭配彩色蔬菜和自製麻醬，
顏值、營養都滿分。
以香甜的柳橙代替醋和糖製成的麻醬，
不僅成分更單純健康，還帶有清爽的果香，
是炎炎夏日最開胃的料理。

Noodles 7

一鍋到底什錦烏龍麵

時間：20分鐘（請預先準備高湯）
份量：2大1小

材　料

豬里肌肉　400g（切片）
薑　2小片
洋蔥　1/2顆（縱向切粗絲）
細紅蘿蔔　1條（約80g，切成0.5公分厚片）
鴻喜菇　1/2盒
甜豆　10～15條
柴魚昆布高湯　150ml
（參考P.110「日式柴魚昆布高湯」）
冷凍烏龍麵　2大塊（480g）

柴魚片　適量
海苔絲　適量
七味粉　適量

步　驟

1. 平底鍋中火熱油爆香薑片，再下豬肉片翻炒至7分熟；加入洋蔥炒至略呈半透明狀，再加入紅蘿蔔及鴻喜菇，翻炒1分鐘。

2. 將烏龍麵疊放於翻炒好的配料上方（不需解凍，稍微沖洗表面碎冰即可），再將甜豆舖在空白處。

3. 倒入高湯，煮滾後轉小火，加蓋燜煮4分30秒（液體維持小滾的狀態）後開蓋翻炒至收汁，依喜好撒上七味粉、柴魚及海苔絲。

Note!

● 洋蔥先炒過才能釋放甜味，紅蘿蔔與油脂一起翻炒則可幫助脂溶性維生素釋出。由於最後要與麵一起蒸煮，洋蔥直向切絲及略為厚片的紅蘿蔔才能保留口感，不至過於軟爛。

利用天然食材的滋味，
野菇的鮮、洋蔥的甜，
搭配風味濃厚的柴魚昆布高湯；
不需醬油調味，也能做出
味道鮮美的什錦烏龍麵。

Noodles 8

螞蟻上樹（肉末冬粉）

時間：15分鐘（請預先準備高湯）
份量：2大1小

材　料

豬絞肉　350g

薑泥　5g

蒜泥　5g

蔥　2支（切花，蔥白蔥綠分開）

白胡椒粉　1小匙

醬油　1大匙

麻油　1大匙

高湯　300ml

冬粉　3球

步　驟

1 冬粉以溫開水泡軟後瀝乾（約10分鐘），剪成大段備用。

2 鍋中熱一小匙油，放入豬絞肉，先將兩面煎至變色後再炒散；加入蔥白、薑泥、蒜泥、醬油及胡椒粉炒香，再倒入高湯煮滾。

3 加入冬粉，不時攪拌煮至高湯完全吸收，熄火後淋上麻油、撒上蔥綠拌勻。

Note!

● 薑蒜磨成泥，保留味道、去除口感，避免孩子咬到薑蒜碎過於辛辣。

為了吃不了辣的孩子，
捨棄豆瓣醬和辣椒；
利用高湯的自然鮮甜，
做出全家可以一起享用的經典菜色。

Potatoes & yams 1

免炸薯條

🍲 時間：30＋30分鐘
份量：可依人數調整

材　料

褐皮馬鈴薯　1顆
育空黃金馬鈴薯　1顆
酪梨油　2大匙（見Note）
鹽　1/4小匙

步　驟

1 仔細刷洗馬鈴薯外皮，擦乾後切成1～1.5公分粗的
　長條型。若想要容易有脆邊，可以切成三角楔型
　（類似切蘋果的方式）。

2 準備一個裝滿水的大碗，將切好後的馬鈴薯立刻放
　入水中避免氧化；浸泡至少20分鐘後，洗去表面多
　餘的澱粉，並用廚房紙巾擦乾。同時將烤箱預熱至
　攝氏200度。

3 烤盤墊上鋁箔紙，將薯條平舖於鋁箔紙上。淋上酪
　梨油，撒上鹽巴，用手抓勻，使每根薯條的表面
　均勻抹上酪梨油。送入烤箱以攝氏200度烤20分鐘
　後，翻面續烤10～15分鐘至上色。

Note!

● 酪梨油可以用自己平時習慣使用的淡味油取代，建議選擇發煙點高過攝氏200度的油品。

● 大人可依喜好加入香料、辣椒粉調味。

● 馬鈴薯可依品種或喜好選擇是否去皮，切的時候注意盡量粗細均勻，烘烤時間才會一致。泡過水的
　馬鈴薯要確實擦乾，每一面都要裹上油，這是烤箱版馬鈴薯口感酥脆不乾硬的關鍵。

烤箱版免炸薯條不僅作法簡單，
而且比起油炸更健康。
選擇適合的馬鈴薯品種，
仔細刷洗乾淨帶皮一起送入烤箱，
口感與營養都加乘。

Potatoes&yams 2
金黃薯餅

時間：30分鐘
份量：2大1小

材 料

褐皮馬鈴薯或白肉馬鈴薯　500g
鹽　1/2小匙
油　2大匙

步 驟

1 馬鈴薯去皮，用刨絲器刨成籤條狀或用刀切成細絲，以冷開水沖洗二次，洗去表面澱粉。

2 盡可能的將馬鈴薯籤瀝乾：平舖於乾淨的紗布巾或廚房紙巾上，上面再蓋一條紗布巾或紙巾，小心捲起後抓往兩端，以擰毛巾的方式擰去水分。若馬鈴薯量太多，可分二次較好操作。

3 將處理好的馬鈴薯放置於大碗中，加入鹽，用手搓拌均勻。

4 鍋中下2大匙油，熱鍋後放入模型，將馬鈴薯絲舖進模型內，再以鍋鏟輔助盡量壓實，塑型成約2公分厚的圓餅狀，小心鍋子燙手。如果沒有模型，可先將馬鈴薯舖在鍋子內，再以杯子或碗等圓型耐熱容器塑型。

5 轉中小火，蓋上鍋蓋燜煎10分鐘，中途不要掀蓋或翻動薯餅。

6 掀開鍋蓋，小心將薯餅翻面，再蓋上鍋蓋以中小火燜煎10分鐘。

Note!

● 馬鈴薯表面富含澱粉，仔細用水洗淨再將水分確實去除，是口感酥脆的關鍵；但是除去表面澱粉的馬鈴薯不容易成型，因此一開始要用鍋鏟壓實，並且在鍋內燜煎的時候不要任意翻動，才能幫助表面定型。

材料單純的薯餅，
只要照著步驟耐心準備，
不用油炸也能做出酥香的口感。
外皮焦脆裡面鬆軟，
搭配番茄醬或是胡椒粉一起享用，
絕對是早餐秒殺款。

Potatoes & yams 3
片烤奶油馬鈴薯

時間：10＋65分鐘
份量：2大1小

材 料

珍珠馬鈴薯　400g（選擇小顆的較容易擺盤）
鹽　1/4小匙
黑胡椒粉　1/8小匙
蒜粉　1/4小匙

牛奶　120g
動物性鮮奶油　50g
現磨帕馬森起司粉　25g
奶油　30g
中筋麵粉　12g
博康奇尼起司（Bocconcini）　4～5小顆（切片）
巴西利　適量

步 驟

1 將馬鈴薯表皮刷洗乾淨之後，切成2公釐厚的薄
　片，用冷開水洗淨，再用廚房紙巾拍乾。

2 將鹽、胡椒、蒜粉混合後撒在馬鈴薯片上，用手翻
　動馬鈴薯片至表面均勻沾裹調味後，直立排列於烤
　盅內。同時將烤箱預熱至攝氏200度。

3 取一小鍋，以微火融化奶油，拌入麵粉攪拌均勻，
　再加入牛奶、鮮奶油及起司粉攪拌至完全融合。

4 將起司牛奶醬均勻淋在烤盅內的馬鈴薯片上，覆蓋
　鋁箔紙，送入烤箱以攝氏200度烤30分鐘。

5 移除鋁箔紙，續烤30分鐘。

6 取出烤盅，放入博康奇尼起司，再放回烤箱3～5
　分鐘至起司融化。

Note!

● 馬鈴薯選擇可以連皮一起
吃的品種，不用削皮，吃
起來口感較有層次。馬鈴
薯片愈薄，烘烤的時間愈
短，口感也更細緻，因此
請在安全的範圍內盡力將
馬鈴薯切成厚薄一致的薄
片，或使用挫籤板輔助。

● 加入黑胡椒粉可平衡起司
牛奶醬的膩，若孩子能接
受的話建議不要省略。

● 可事先做好放置冰箱冷
藏，以烤箱攝氏180度回
烤複熱，並以鋁箔紙覆蓋
以免過度上色。

浸泡在牛奶起司醬中的馬鈴薯，

吸收濃濃的奶香；

使用味道較淡的博康奇尼起司（或莫札瑞拉起司），

搭配帕馬森起司，增添多種風味。

直立疊放的馬鈴薯片，

上半部烤得金黃酥脆，

下半部搭配醬汁濃郁細綿，

口感十分豐富。

Potatoes & yams 4

蔬菜起司可樂餅

時間：30分鐘
份量：2大1小
（5個可樂餅）

材　料

白肉馬鈴薯或褐皮馬鈴薯　250g
鹽　1/8小匙
綠花椰菜　40g（切小朵）
麵包粉　30g

> 除了購買市售麵包粉，也可將吐司片去邊後用烤箱以攝氏120度烘烤20-25分鐘至乾燥，再用調理機打碎。多餘麵包粉可冷凍保存，需要時不需解凍可直接使用。

油　2大匙
高筋麵粉　15g
蛋液　45g（約中型雞蛋1顆）
切達×莫札瑞拉混合起司絲　50g

步　驟

1. 馬鈴薯去皮後切成4～5公分塊狀，蒸至熟軟（叉子可輕易刺穿，約15分鐘）。趁熱混入鹽並壓成泥，可保留小塊增加口感。

2. 綠花椰菜在最後5分鐘放入步驟1的馬鈴薯一起蒸熟，時間到立刻取出，不要超過5分鐘避免燜黃。用廚房紙巾壓乾水分，切碎，拌入馬鈴薯泥中。

3. 將麵包粉平舖在平底鍋中，淋上2大匙油，輕輕翻動均勻。小火煎至底部金黃後，再次輕輕翻炒至均勻上色。動作要輕柔，避免麵包粉被壓碎，才能保留酥脆口感。

4. 將混合起司絲用手捏成5個橢圓小球，每個約10g。

5. 馬鈴薯泥平均分成5份，分別揉成圓球狀後壓扁，包入起司球，再塑型成厚橢圓餅狀。

6. 烤箱預熱至攝氏175度。做好的可樂餅沾裹麵粉，輕輕拍掉多餘的粉，再依序沾裹蛋液和炒好的麵包粉，用手將麵包粉壓緊於表面，排列於烤盤上。

7. 放入烤箱以攝氏175度烘烤8分鐘或至起司融化。

Note!

● 做好的可樂餅可冷凍保存；取出後不需解凍，放入烤箱以攝氏175度回烤15分鐘。

當點心或正餐都適合的一道菜，
事先做好冷凍保存，隨時有備無患。
只要多一個小步驟，先將麵包粉炒過，
即使不用油炸，也能做出酥脆口感及金黃色澤！

馬鈴薯／地瓜

Potatoes & yams 5

菠菜奶香馬鈴薯餃 （麵疙瘩）

時間：50分鐘
份量：2大1小

材　料

馬鈴薯餃
褐皮馬鈴薯　2顆（去皮蒸熟後取薯泥240g）
蛋黃　1個（約20g）
中筋麵粉　100g

奶油醬汁
奶油　20g
蒜　3瓣（切碎）
牛奶　125g
帕馬森起司　20g（刨絲）
菠菜葉　40g

步　驟

1 馬鈴薯去皮切小塊，蒸至熟軟，趁熱以湯匙輔助過細濾網，做成澎鬆細緻的薯泥。

2 加入蛋黃及麵粉，用手反覆以折疊壓揉的方式揉成光滑有彈性的麵糰。

3 將麵糰切成4等份，其中三份以溼布蓋好防止乾燥。取一份揉成直徑約1公分的長條柱狀，
　再分切成長約2公分的小段。

4 取一隻叉子，撒上麵粉防止沾黏；將麵糰小段放在叉子上輕壓並緩緩往前滾動塑型，間隔
　排列於撒好麵粉的大盤。

5 取一寬淺鍋放入1.5公升的水，煮滾後加入1小匙鹽及馬鈴薯餃，煮1～2分鐘至餃子浮起
　即可撈出。

6 平底鍋中以中小火融化奶油，加入蒜炒至奶油呈金黃色，轉中火放入馬鈴薯餃煎1～2分
　鐘；加入牛奶和起司小火煮至起司融化，熄火拌入菠菜葉。

將馬鈴薯泥做成小巧可愛的餃子，
一口一個剛剛好。
搭配牛奶醬趁熱享用，
肚子飽足，心裡滿足。

Potatoes & yams 6

烤地瓜雙享炮

時間：60分鐘＋10分鐘
份量：2人份

材 料

地瓜　2顆（約500g）
奶油　20g
黑糖　1小匙
肉桂粉　1/4小匙
鹽　1/8小匙

紅白藜麥　各2大匙
冷水　70ml

核桃　適量
博康奇尼起司（Bocconcini）　適量

步 驟

1 紅、白藜麥洗淨後加入冷水，蒸15分鐘後不
　開蓋燜5分鐘，取出備用。烤箱預熱至攝氏
　200度。

2 將地瓜皮仔細刷洗後用紙巾擦乾，用叉子刺
　幾個洞，深度至少到地瓜中心的位置。

3 地瓜放入烤箱以攝氏200度烤50～60分鐘至
　熟軟（叉子可輕易刺穿的程度），取出縱向
　切半。用湯匙挖取地瓜中心肉約120g，加入
　調味混合均勻成泥狀，再舖回地瓜盅，續烤
　10分鐘。同時可於烤盤空白處放入核桃一起
　烘烤。

4 取出撒上核桃碎、起司及藜麥，烘烤5分鐘
　至起司融化。

Note!

● 核桃經過烘烤可逼出油脂，口感酥
　脆、香氣更足。

● 地瓜皮營養豐富，刷洗乾淨後務必
　確實擦乾，以免影響口感。

● 除起司外可於前一天事先做好置於
　冰箱冷藏，當天取出回烤即可迅速
　享用。

● 蒸熟後的藜麥若有剩餘，可密封單
　獨放入冰箱保存，加入沙拉或拌飯
　都好吃。

回憶童年烤地瓜的味道，
只要交給烤箱就可以完成！
取出部分地瓜肉做成黑糖地瓜泥，
搭配藜麥和起司，
一顆地瓜也能做出多種豐富的滋味。

Meat & Seafood

每餐都要有蛋白質
開心吃肉，健康成長

這個章節收錄富含蛋白質的肉類料理，
幫助孩子肌肉發展、提高免疫力。
從慢工出細活的肉丸、蝦餅、獅子頭，
到送進烤箱一指就可搞定的烤雞、魚排，
不管每天有多少時間準備，
該給的營養一分都不少。

Meat & Seafood 1

日式牛肉可樂餅

時間：30分鐘
份量：2大1小

材　料

裹粉材料

高筋麵粉　25g

中型雞蛋　1顆（約50g）

麵包粉　40g

油　2大匙

牛肉餡材料

牛絞肉　350g（肥：瘦＝3：7）

洋蔥　100g

鹽　1/4小匙

麵包粉　30g

牛奶　50g

中型雞蛋　1顆（約50g）

步　驟

1　將裹粉材料裡的麵包粉平舖在平底鍋中，淋上2大匙油，輕輕翻動均勻。小火煎至底部金黃後，再次輕輕翻炒至均勻上色。動作要輕柔，避免麵包粉被壓碎，才能保留酥脆口感。

2　牛肉餡材料中的麵包粉加入牛奶，拌勻靜置5分鐘至牛奶吸收。

3　洋蔥切細碎，中小火翻炒至金黃半透明狀，攤平放涼備用。

4　烤箱預熱至攝氏200度。

5　將所有牛肉餡材料用手混合均勻，塑型成6～7顆、每顆高約2公分的肉餅。

6　肉餅沾裹麵粉，輕拍抖掉多餘的粉，再依序沾裹蛋液和炒好的麵包粉，用手將麵包粉壓緊於表面，排列於烤盤上。

7　放入烤箱以攝氏200度烤15分鐘（至牛肉全熟）。

Note!

● 洋蔥切愈細碎愈好，製作時才容易將肉餅捏緊實，肉汁不易流失。洋蔥炒過能帶出甜味，請耐心小火翻炒，此步驟建議不要省略。

一樣是免油炸的健康版可樂餅，
這次裡面包了富含蛋白質和鐵質的牛肉，
幫助孩子長高長壯。
看似紮實的牛肉排，
軟嫩不柴的祕訣在於加了泡過牛奶的麵包粉，
不但可以幫助肉排成型，
更能做出多汁的口感。

Meat & Seafood 2

滑蛋番茄牛肉

時間：40分鐘
份量：2大1小

材 料

醃肉材料
牛里脊肉（牛柳）　250g
蒜泥　1小匙
薑泥　1/2小匙
水　1小匙
太白粉　1小匙

炒蛋材料
中型雞蛋　2顆（約100g）
鹽　1/4小匙
水　1大匙
牛奶　1大匙

調味醬汁
水　100g
玉女番茄　15顆（約120g）
番茄醬　1大匙
醬油　1小匙
砂糖　1小匙
蔥　1支（切細丁）

步 驟

1. 醃肉：牛肉逆紋切片，將蒜泥、薑泥及水混合後拌入牛肉片中，用手翻拌使水分吸收；再加入太白粉混合均勻，密封冷藏醃製30分鐘。

2. 番茄洗淨後切成小塊。

3. 炒蛋：雞蛋打散，加入水、牛奶和鹽，輕輕攪拌均勻，小心不要將空氣打入蛋液。熱鍋加入一大匙油，下蛋液；小火煎至底部略為成形後，一邊用鍋鏟將外圍的蛋往中間推，炒至8分熟後盛起備用。

4. 原鍋轉中火，放入牛肉炒至7分熟，盛起備用。

5. 調味：鍋中再加入一大匙油及番茄翻炒至番茄軟化，加入番茄醬、醬油、砂糖及水熬煮成糊狀，最後放入牛肉及蛋翻炒1分鐘，撒上蔥花裝飾。

Note!

● 軟嫩的蛋祕訣在於炒至8分熟後盛起，最後再加入；不但能控制蛋的熟度，也不會因為過度翻炒將蛋炒碎影響口感。

● 薑蒜磨成泥除了可以更快入味，也可避免幼童咬到碎片過於辛辣。

柔嫩的滑蛋，
搭配酸甜的番茄，
孩子最愛的下飯菜。

Meat & Seafood 3

甜薯豬肉丸子

時間：35分鐘
份量：2大1小

材　料

豬絞肉　350g
金時栗子地瓜　150g
紅蘿蔔　50g（切碎）

豬肉醃料
蒜泥　1小匙
薑泥　1小匙
鹽　1/2小匙
白胡椒　1/2小匙
中型雞蛋　1顆
麻油　1大匙

步　驟

1. 地瓜去皮切小塊，蒸熟後壓成泥放涼備用。

2. 豬絞肉加入除雞蛋與麻油外所有醃料，用手指抓捏混合後順時針攪打至產生黏性；打入雞蛋攪拌至蛋液吸收，再加入麻油，混合均勻。

3. 拌入紅蘿蔔碎和地瓜泥，用手捏成丸狀（可做12個）。

4. 中火熱鍋下1小匙油，放入肉丸先煎熟底面，稍微定型後再翻動丸子煎5～6分鐘至中心熟透。

Note!

● 地瓜泥務必放涼再與絞肉混合，避免高溫直接接觸生肉，加速細菌繁殖。

● 肉丸可事先製作放置冷凍保存，於前一晚取出置於冷藏退冰。

註：配菜蘿蔔作法參考 P.86「涼拌芝麻絲帶蘿蔔」。

媽媽的祕製丸子，
裡頭不但有肉也有蔬菜，
還帶著淡淡甜味的祕密？

Meat & Seafood 4
免炸豬排

時間：25分鐘
份量：2大1小

材　料

豬里肌或腰內肉　400g

高筋麵粉　25g

大型雞蛋　1顆（約65g）

麵包粉　50g

油　2大匙

*粉類及蛋液實際用量依豬肉切塊
　表面積而定。

步　驟

1 將麵包粉平鋪在平底鍋中，淋上2大匙油，輕
輕翻動均勻。小火煎至底部金黃後，再次輕
輕翻炒至均勻上色。動作要輕柔，避免麵包
粉被壓碎，才能保留酥脆口感。

2 豬肉去筋膜，切成1.5公分左右厚片，兩面用
刀劃上格紋。

3 烤箱預熱至攝氏215度。豬肉排沾裹麵粉，輕
拍抖掉多餘的粉，再依序沾裹蛋液和炒好的麵
包粉，用手將麵包粉壓緊於表面，排列於烤盤
上，靜置3分鐘。

4 放入烤箱以攝氏215度烤13分鐘或至全熟。

Note!

● 用烤箱也能做出完美仿炸豬排的關鍵在於炒麵包粉的步驟。小火耐心炒
　至顏色均勻，烤出來的豬排才會有漂亮的金黃麵衣。

給孩子吃也放心的免油炸豬排，
全家一起大口咔嗞咔嗞！

Meat & Seafood 5

紅燒獅子頭

時間：30＋60分鐘
份量：2大1小

材　料

豬絞肉　350g
板豆腐　120g
蓮藕　60g（切碎）
蔥白　1根（切花）
中型雞蛋　1顆（約50g）
麻油　1小匙
太白粉　1小匙

肉餡調味
薑泥　1小匙
醬油　1大匙
白胡椒　1/2小匙
鹽　1/4小匙

高湯
蝦米　10g（泡水）
蔥　1根（切花，蔥白與蔥綠分開）
薑　3片
蒜　3～4瓣（切片）
大白菜　1顆（手撕大片）
鹽　1/4小匙
醬油　1大匙

1 絞肉加入調味，以手指抓捏至產生黏性。

2 加入豆腐、蔥花及蓮藕碎混合均勻。

3 加入雞蛋抓至吸收，再加入麻油混合均勻。最後加入太白粉拌勻後，用手捏出手掌大小的肉丸（可做6個）。

4 平底鍋下3大匙油，以半煎炸的方式中大火煎至表面變色，盛起備用。此步驟可將肉汁封在肉丸內。

5 同鍋用廚房紙巾擦去肉屑及多餘油脂，僅留適量油炒香蝦米、蔥白、蒜、薑片。

6 加入白菜炒軟。

7 放入煎好的肉丸、蝦米水及冷水（約400ml）至蓋過肉丸，煮滾後加入鹽和醬油加蓋以小火燉煮40分鐘至1小時，熄火撒上蔥綠。

Note!

- 由於加了豆腐，肉餡偏軟不易操作，可使用鍋鏟及夾子輔助。

- 可事先做好後將獅子頭浸泡於湯汁中冷凍保存，需要時取出放回爐上複熱。

用高湯煨煮出來的獅子頭，
吸收蔬菜湯頭的甘甜；
加入豆腐是口感鬆軟的關鍵！
搭配冬粉一起享用，更滿足。

Meat & Seafood 6

麻油野菇松阪豬

時間：30分鐘
份量：2大1小

材　料

麻油　1大匙
薑片　10片
松阪豬（豬頸肉）350g
鴻喜菇　約50g
玉米筍　12根
高麗菜葉　6大片（洗淨後用手撕成小片）
熱水　700ml
鹽　1/2小匙
枸杞　1大匙

步　驟

1. 松阪豬肉用刀去油修清後，以平底鍋中火乾煎兩面各8～10分鐘至表面上色，取出逆紋斜切薄片備用。

2. 原鍋保留適量煎豬肉煸出的油，加入麻油，中小火煸香薑片至邊緣變色。

3. 放入玉米筍及菇翻炒至變色，再下高麗菜翻炒均勻。

4. 將豬肉片放回鍋內，加入熱水和鹽，煮至沸騰後放入洗好的枸杞再滾30秒，上桌前可淋上一匙麻油（份量外）提香。

Note!

● 煸香薑片時混合豬油與麻油，可防止麻油變苦，但仍需注意火候控制，避免火太大薑片燒焦。

油脂豐富、Q彈脆口的松阪豬，
搭配玉米筍及高麗菜自然的甜味，
野菇的鮮，加上濃郁的麻油香，
是一道不需長時間燉煮
也能快速上桌的暖心料理。
搭配麵線或白飯，
就是營養又飽足的一餐。

Meat & Seafood 1

番茄洋芋烤雞腿

時間：5＋90分鐘
份量：可依人數調整

材 料

（以下材料為1份）
連背雞腿　1支
鹽　1/4小匙
黑胡椒　適量
義大利綜合香辛料　適量
玉女番茄　6顆
迷你馬鈴薯　4顆
蒜瓣　2瓣

步 驟

1 連背雞腿擦乾表面水分，切除多餘油脂，放入烤盅，均勻撒上調味料。烤箱預熱至攝氏
　175度。

2 馬鈴薯及番茄洗淨剖半，蒜瓣切去頭尾不需去皮，放置於烤盅空白處。

3 放入烤箱以攝氏175度烤80分鐘。如果有空的話，可於中途一半取出，用湯匙撈取烤盅內
　的雞汁，淋在雞腿及馬鈴薯表面，再放回烤箱。

4 調整烤箱溫度至攝氏200度，續烤約10分鐘至雞皮焦脆上色。

澱粉、肉類和蔬菜一次到齊！
雖然所需烘烤時間較長，
但作法簡單，只要將食材準備好，
其他就交給烤箱吧！
低溫與番茄一起烘烤的雞腿肉鮮嫩多汁，
搭配浸泡在雞油裡的馬鈴薯，保證令人吮指回味。

Meat&Seafood 8

手指魚柳條

時間：20分鐘
份量：2大1小

材　料

鱈魚排　500g
蛋液　25g（約1/2顆中型雞蛋）
粗粒番薯粉　25g
黑胡椒　適量
檸檬　適量

步　驟

1 鱈魚排切成3公分左右寬條狀，用廚房紙巾拍乾水分，均勻沾裹蛋液後上下兩面沾番薯粉，靜置5分鐘待番薯粉回潮。

2 平底鍋熱2大匙油，將鱈魚排有粉的一面朝下排列，煎至底部定型、些微變色後蓋上鍋蓋燜煎2分鐘。

3 用夾子和鏟子輔助小心翻面，將另一面也煎至金黃，確認魚肉熟透（可輕易分離）後即可起鍋，撒上黑胡椒及檸檬汁調味。

Note!

• 鱈魚排要確實擦乾表面水分，方便沾裹蛋液。鱈魚在煎的過程容易碎，除中間翻面一次以外不需翻動，用表面煎、中間燜的方式烹調，因此側面不需沾粉。

• 香酥的魚柳條與黑胡椒及檸檬味道非常搭配，建議嘗試。

註：配菜薯條作法參考P. 44「免炸薯條」。

外酥內嫩的魚柳條，
不管愛不愛吃魚的孩子都會喜歡。

Meat & Seafood 9

奶油鮭魚燒

時間：15分鐘
份量：可依人數調整

材 料

（以下材料為一份）

鴻喜菇　10g

鮭魚排　1片（約150g）

洋蔥　1/4顆（切絲）

紅蘿蔔　5g

奶油　10g

黑胡椒　適量

鹽　適量

蔥花　適量

步 驟

1 鋁箔紙亮面朝上，依序鋪上洋蔥絲、鮭魚，均勻撒上鹽及胡椒調味。

2 接著疊放紅蘿蔔絲、鴻喜菇及奶油。

3 上下拉起鋁箔紙，兩邊疊合後往下摺包緊，左右再以旋轉方式密封並做出小把手方便拿取。放進平底鍋加蓋中火乾煎2分鐘後，轉小火煎8～10分鐘。

4 依喜好加入檸檬或柴魚醬油調味。

Note!

- 這道料理靠著食材在乾煎的過程中產生的水蒸氣，將魚用半蒸半煎的方式烹煮完成。鋁箔紙預留上下左右至少1～1.5倍魚身的長度，才能確實包緊，把菇、奶油和鮭魚的香味緊緊鎖在裡面完全融合。食用時直接用刀從鋁箔中心劃開，小心蒸氣燙手。

- 選擇不鏽鋼或不易刮傷的鍋子。若使用不沾鍋，小心避免鋁箔紙尖角劃傷鍋子。

作法簡單，

備料只需5分鐘，

想偷懶的時候就上這一道。

Meat & Seafood 10

慢烤橙香鱈魚排

時間：5＋30分鐘
份量：可依人數調整

材 料

（以下材料為一份）
鱈魚排　200g
黃檸檬　半顆
香吉士橙　半顆
油　2大匙
黑胡椒　適量
鹽　適量

步 驟

1 鱈魚排退冰至接近室溫，以廚房紙巾拍去表面水分。烤箱預熱至攝氏140度。

2 將檸檬及香吉士橙的表皮仔細刷洗乾淨。

3 在烤盅裡放入鱈魚排，用刨刀刨出所有檸檬皮及橙皮，撒在魚排上。均勻淋上油，撒上適量鹽和胡椒調味。剩餘檸檬和橙肉切成薄片，疊放於魚排上下。

4 放入烤箱以攝氏140度烤25～30分鐘至熟透。烤的時間視魚排厚度而定，至魚肉可輕易分開即可

5 出爐後淋上1小匙橙汁，趁熱享用。

Note!

● 橙汁是這道料理的靈魂，選用酸甜夠味的柳橙或柑橘類，能為成品帶來豐富的滋味。

● 刨皮屑的時候注意盡量避開白色部分，以免產生苦味。

低溫烘烤的鱈魚，

肉質充滿彈性，

與酸甜的橙汁意外合拍。

Meat&Seafood 11

山藥蝦餅

🍲 時間：30分鐘
份量：2大1小

材　料

冷凍白蝦　8尾
山藥　70g
鹽　1/4匙
白胡椒粉　1/8匙
中筋麵粉　10g
綠花椰菜　2小朵（切碎）

步　驟

1 山藥洗淨去皮切成0.5公分小丁，蒸至熟軟
　後取一半趁熱壓成泥，放涼備用。

2 冷凍白蝦在流水下沖洗3～5分鐘後剝殼去
　除腸泥，用廚房紙巾吸乾水分，取6隻以刀
　面拍打壓扁成蝦泥，再用刀背剁碎至產生黏
　性。剩餘2隻切小塊不剁泥保留口感。

3 蝦泥和蝦肉放入大碗中，加入白胡椒粉、
　鹽、麵粉，用手指以順時鐘方向攪拌均勻；
　拌入山藥及花椰菜，用手捏緊成圓球狀，再
　輕輕壓扁。剁好的蝦泥很黏，可以帶手套或
　雙手沾油方便操作。

4 鍋中熱一大匙油，將蝦餅放進鍋內兩面煎至
　金黃。

Note!

● 生的山藥黏液可能引起
　皮膚不適，可以戴上手
　套或在流水下操作。

綿滑的山藥泥與Q彈蝦肉，
做成味道鮮美的小蝦餅；
山藥富含多種營養，
特殊的黏液能增強抵抗力，
更是保護腸胃的好幫手。

Meat&Seafood 12

清炒淡菜

時間：20分鐘
份量：2大1小

材　料

淡菜　1.5公斤（重量含殼）
油　1小匙
奶油　30g

洋蔥　1顆（約160g，切丁）
薑　2片
蒜　3瓣
水　100ml
巴西利　適量

步　驟

1 將淡菜置於流水下仔細刷洗，去除泥沙及足絲；丟棄破損或死亡的淡菜。

2 熱鍋加入油及奶油，以小火融化奶油。加入蒜瓣和洋蔥，小火將洋蔥炒至金黃。

3 加入薑片及清水，煮滾後將洗好的淡菜疊放於鍋中。蓋上鍋蓋，維持鍋中液體沸騰的狀態，蒸煮約5分鐘至大部分的淡菜開口；熄火不開蓋燜2分鐘。

4 丟棄未開蓋的淡菜，撒上適量巴西利。

Note!

● 若要加入義大利麵，將原食譜中的水量增加至200ml。另起一鍋水將義麵煮至半熟，依包裝建議烹調時間提早3分鐘取出，加入淡菜湯鍋續煮，麵體吸收淡菜湯汁，更加入味。

● 淡菜本身帶有鹹味，一般不需加鹽調味即可食用。

用薑片代替料酒去腥，
今日就來個孩童版的海鮮料理。
用奶油細心炒過的洋蔥帶來滿滿的香甜，
加上淡菜的鮮美，
搭配麵包或麵條都非常適合。

Vegetables

餐桌上的彩虹
跟蔬菜做好朋友

讓蔬菜看起來不像蔬菜、吃起來也不像蔬菜。

脆脆的洋芋片原來是蓮藕，

橘紅色的緞帶是蘿蔔，

綠色的麵條是櫛瓜，

還有媽媽特製的禮物小餃子，

裡面到底裝了什麼？

顛覆孩子對蔬菜的認知，

從此吃菜不必再東拐西騙。

Vegetables 1
鮮蝦奶油櫛瓜麵

 時間：20分鐘
份量：2大1小

材　料

綠櫛瓜　2條（約380g）

蒜　2瓣（拍扁）

鹽　1/2小匙

油　1大匙

奶油　15克

蝦子　5隻

黃檸檬汁　5克

黑胡椒　適量

巴西利　適量

步　驟

1 櫛瓜以旋轉刨絲器削成麵條狀，均勻撒上鹽巴抓醃後靜置15分鐘等待出水，用手輕輕擠乾水分。

2 鍋中熱一大匙油，放入蝦子煎至兩面變色，夾起備用。

3 同鍋加入奶油與拍扁的蒜、適量巴西利，中火炒香，放入櫛瓜中火快炒1分鐘至櫛瓜呈金黃色，加入檸檬汁和黑胡椒，翻炒均勻。

Note!

● 櫛瓜不需炒太久，才能保留爽脆口感。

是麵？還是蔬菜？

都沒關係，好吃最重要！

Vegetables 2

涼拌芝麻絲帶蘿蔔

時間：30分鐘
可口小菜

顏色鮮艷、營養豐富的紅蘿蔔，
是餐桌上的最佳配角。
多做一點放在冰箱，
即成隨時可取用的涼拌小菜。

材 料

紅蘿蔔　1根（約180g）
鹽　1/2小匙
油　1大匙
白芝麻　適量

Note!

● 加入鹽抓醃可逼出水分，去
　除蘿蔔生澀味道，使成品口
　感更加爽脆。

步 驟

1 紅蘿蔔洗淨削去外皮，放置於砧板上；一邊滾動紅蘿蔔，一邊以削皮器削出長條絲帶狀。

2 將紅蘿蔔放入大碗中，撒上鹽巴抓醃至表面出水微濕，靜置20分鐘等待紅蘿蔔軟化。以冷
　開水清洗，再用手擰去多餘水分。

3 鍋中熱一大匙油，放入紅蘿蔔中火炒至變色，撒上白芝麻快速翻炒30秒。

Vegetables 3

香酥藕片

時間：30分鐘
可口小菜

從沒想過的蓮藕新吃法！
甜甜脆脆有如洋芋片的口感，
即使是第一次接觸蓮藕的孩子也會立刻愛上。

材 料

蓮藕　1顆

Note!

● 材料簡單、作法也簡單的香酥藕片，好吃的關
鍵在於將蓮藕盡可能的切成薄片。藕片愈薄，
煎的時間愈短，口感也愈酥脆。

步 驟

1 蓮藕洗淨削皮，用刀切成薄片，愈薄愈好。

2 切好的蓮藕在流水下沖洗去除表面多餘澱粉。如果沒有馬上接著料理，先泡入冷開水中防
止氧化變黑。

3 將蓮藕瀝乾，以廚房紙巾仔細壓乾表面水分。

4 鍋中熱2兩大匙油，不重疊舖入蓮藕片，中小火煎至底面變色、邊緣微微焦黃；翻面、補
一大匙油，將另一面也煎至焦脆。

Vegetables 4

蜜烤蘿蔔

時間：5＋30分鐘
份量：2大1小

材　料

細芯紅蘿蔔　3根（約250g）
油　1大匙
鹽　1/4小匙
黑胡椒　適量
蜂蜜　1小匙

優格　適量
巴西利　適量

步　驟

1 烤箱預熱至攝氏200度，紅蘿蔔用粗刷磨去粗
　糙外皮，直向切成2半。烤盤舖上鋁箔紙，將
　紅蘿蔔排列於烤盤上。

2 取一小碗混合油、鹽、胡椒及蜂蜜，淋在紅
　蘿蔔上，用手搓揉均勻。

3 放入烤箱以攝氏200度烤30～40分鐘至熟
　軟，邊緣金黃。

4 淋上適量優格，撒上巴西利或喜歡的香草。

Note!

● 1歲以下幼童不適宜
　食用蜂蜜。

● 紅蘿蔔外皮富含營
　養，只要用粗刷仔細
　刷過去除髒汙，即可
　連皮一同享用。

餐桌還少一樣配菜？

拿出紅蘿蔔，其他的交給烤箱吧！

烤過的紅蘿蔔軟嫩可口，

搭配優格和蜂蜜，

酸酸甜甜又營養的開胃菜輕鬆上桌。

Vegetables 5

醬燒秋葵肉卷

時間：30分鐘
份量：2大1小

材　料

照燒醬

醬油　2大匙	五花肉片　8片（約100g）
冷開水　2大匙	秋葵　8根
薑泥　1/4小匙	白芝麻　適量
砂糖　1大匙	
蜂蜜　2小匙	

步　驟

1 秋葵撒上適量鹽巴，用手輕輕搓揉去除表面細毛，以清水沖淨。

2 滾水加入1小匙鹽，放入秋葵汆燙1分鐘立即撈起放入冰水中冰鎮，保持爽脆口感。加鹽可使燙過的秋葵顏色更加翠綠。

3 秋葵冷卻後，以小刀如同削鉛筆一般、45度角削去蒂頭頂端及周圍一圈稜角較粗糙的部分。

4 將五花肉緊緊包裹在處理好的秋葵外面，收口朝下放置。

5 中火熱鍋下一小匙油，將肉卷收口朝下排進鍋中；先煎至收口處定型，再翻動使表面均勻變色。

6 倒入調好的照燒醬，邊煎邊翻動肉卷，中小火慢慢煎至肉卷表面裹滿醬汁發亮。

7 撒上適量白芝麻。

Note!

● 秋葵蒂頭頂端纖維較為粗糙，以小刀削去可使口感更好。如果汆燙前先削皮，營養的黏液容易於汆燙過程中自頂端流失；因此建議先汆燙後削皮，惟時間到必須立即撈起降溫，避免秋葵過於軟爛，表皮不易切除。

● 1歲以下幼兒不宜食用蜂蜜。

看！肉肉裡面有小星星！

極具營養價值的秋葵，含有孩子成長所需的礦物質和蛋白質，

特殊黏液還有保護胃壁的功用。

將汆燙好的秋葵外層裹上肥嫩的豬五花、再包覆甜甜的日式照燒醬，

讓孩子不知不覺一口接一口、把菜吃光光。

祕製照燒醬配方，以蜂蜜和薑泥取代料酒，

給孩子吃也安心。

Vegetables 6

干貝絲瓜

時間：30分鐘（香菇和干貝記得提前泡發喔！）
份量：2大1小

材　料

絲瓜　1條
蔥　1根（取蔥綠部分切花）
乾干貝　2顆
乾香菇　2顆
枸杞　1大匙
水　適量

步　驟

1 乾干貝與香菇以溫開水泡發1小時以
　上至軟化。香菇切薄片、干貝撕成細
　絲備用。

2 絲瓜洗淨去皮，切成2公分厚塊。

3 鍋中下一小匙油放入絲瓜略煎至表面
　變色，再加入干貝絲及香菇炒香。

4 倒入香菇水，補水或高湯至蓋過絲
　瓜，水滾轉小火加蓋燉煮10分鐘至絲
　瓜軟爛。

5 加入枸杞及蔥綠煮沸30秒即可。

Note!

● 干貝本身帶有鹹味，利
　用干貝和香菇的鮮味帶
　出絲瓜甜味，不用加鹽
　也好吃。

香甜的絲瓜，

加入干貝使湯頭鮮味升級，

搭配麵線、拌飯、煮粥都適合。

白玉鑲肉

時間：30＋30分鐘
（香菇和干貝記得
提前泡發喔！）
份量：2大1小

材　料

白蘿蔔　1條
乾香菇　3朵
乾干貝　2顆
紅蘿蔔　30g（切碎）
豬絞肉　250g

絞肉調味料
薑泥　1小匙
醬油　1大匙
鹽　1/2小匙
白胡椒粉　1/2小匙
香菇水　2大匙
麻油　1小匙
太白粉　1/2小匙

枸杞　1小匙
香菜葉　適量

步　驟

1　乾干貝與香菇以溫開水泡發1小時以上至軟化。香菇切碎、干貝撕成細絲備用。

2　在大碗裡放入絞肉和調味料，用手指以順時針方向攪打至黏稠，再分次加入香菇水，每次加入都要攪打至水分吸收（打水）。

3　加入香菇、紅蘿蔔、麻油拌勻，最後撒上太白粉抓醃，密封冷藏備用。

4　白蘿蔔去皮，切成1.5公分左右厚片，用湯匙挖去中心的蘿蔔，邊緣和底部保留0.5公分。

5　取出絞肉，用手捏實並塑型成丸狀放進蘿蔔皿，表面可以用湯匙輔助塑型圓滑。

6　將蘿蔔皿排列於盤中，淋上剩餘香菇水，撒上干貝絲，蒸30分鐘後開蓋放入枸杞，續蒸1分鐘。

7　放入香菜葉裝飾。

Note!

● 可將盤中剩餘湯汁倒出，加入1小匙醬油和香油調味，或以太白粉勾芡做成淋醬。

● 挖取出來的白蘿蔔肉不要浪費，一起放入盤中蒸熟即可食用。

今天我要連碗都吃光光！
利用天然食材做容器，
又好看、又好吃。

Vegetables 8
彩蔬烘蛋

時間：15＋30分鐘
份量：2大1小

材　料

中型雞蛋　2個（約100g）
牛奶　25g
鹽　1/4小匙（起司已帶有鹹味，鹽分可適量調整）
黑胡椒　適量
莫札瑞拉起司　25g

紅椒　1/4顆（約40g）
袖珍菇　15g
花椰菜　1小朵（約20g）
奶油　15g

步　驟

1 紅椒切1公分小丁，袖珍菇用手撕成細絲；花椰菜
　洗淨後以廚房紙巾壓乾水分，分切成小朵，莖切
　片。烤箱預熱至攝氏175度。

2 鍋中下奶油，中火炒香紅椒丁和袖珍菇，再放入
　花椰菜翻炒30秒。

3 雞蛋打散，加入牛奶、鹽、胡椒攪拌均勻，再加
　入起司混合。

4 放入炒過的蔬菜，使其均勻沾裹牛奶蛋液。

5 馬芬模舖烘焙紙或塗油防沾，用湯匙平均分配蛋
　液至7分滿（約可做4份）。放入烤箱以攝氏175
　度烤25～30分鐘至蛋液熟透（用筷子刺穿中心無
　沾黏）；最後5分鐘提高烤箱溫度至攝氏200度，
　將表面烤至漂亮的金黃色。

Note!

● 起司蛋液烤過會澎起，入
　模時不要盛放太滿。出爐
　遇冷會皺縮是正常的，趁
　熱享用口感更好。

充滿蔬菜和起司、營養滿滿的烘蛋，

不只步驟簡單，看著它在烤箱裡慢慢長高也是非常療癒的一件事。

猶如小蛋糕一樣的造型，端上餐桌一定會成為孩子目光的焦點。

Vegetables 9

香菇蔬菜蒸餃

時間：90分鐘（香菇記得提前泡發喔！）
份量：2大1小

材　料

青江菜　10小株（約250g）
乾香菇　3朵
冬粉　1/2束
五香豆乾　1小塊（約85g）
韭菜　3～4根

鹽　1/4小匙
醬油　1小匙
白胡椒　1/2小匙
麻油　1大匙

麵皮
中筋麵粉　150g
熱水　65g
鹽　1/8小匙
青江菜汁液　25g

準備好要大展身手，做一道驚豔四座的料理了嗎？
這道吸睛的蔬食料理，從皮到館都吃得到蔬菜滿滿的營養，
小巧的禮物造型更讓人愛不釋手。
推薦搭配薑絲醬油，帶給餐桌上的大人小孩
一場視覺和味覺的雙重饗宴。

步　驟

前置準備

1 香菇以溫水泡發至軟。

2 青江菜洗淨後甩乾水分，用食物切碎器切細
　碎。用手盡可能的擠掉汁液，加入麻油拌均。
　擰出的汁液分開保存備用。

餃子皮

1 熱水加鹽攪拌均勻，沖入麵粉，再加入青江菜
　汁液，用筷子攪拌至呈絮狀。將麵糰移至光滑
　工作檯面，用手掌以按壓搓揉的方式將麵糰揉
　成光滑不黏手的麵糰。

2 取一大碗倒扣密封麵糰，休息30分鐘。

內餡

1 冬粉放入溫水中，泡軟後撈起備用。

2 香菇切大塊，豆乾以開水略為沖洗後拭乾切大
　塊，一起放入食物切碎器切細碎。

3 平底鍋熱一大匙油，中火將切碎的香菇與豆乾
　快炒3分鐘，炒出香氣後盛起備用。

4 泡軟的冬粉用剪刀剪細碎，加入香菇、豆乾、
　青江菜碎及醬油、鹽、白胡椒拌勻。

組合

1 將鬆弛好的麵糰取出切成2半，另一半先蓋回
碗中防止乾燥結皮。工作檯面撒上少許麵粉防
沾，將麵糰搓成長條柱狀，再平均切成9個小劑
子（每個約為13～14g）。另一半麵糰以相同
步驟操作完成。

2 每個小劑子切面朝上橫放，用手掌稍微壓扁，
再用桿麵棍一邊桿一邊旋轉麵片，桿成直徑7～
8公分左右的餃子皮。覺得麵糰黏手的時候可以
撒一點麵粉防止沾黏。

3 每片餃子皮中間放入2小匙餡料，將邊緣以束
口袋的方式前後凹折收口，邊收邊將餡料往
下壓。

4 取一根細韭菜，在束口處輕輕打結，盡量收緊
束口。因為接下來是用蒸製的方式，收口沒有
完全緊閉也沒有關係。動作要慢而輕，韭菜才
不會斷裂。

5 放入蒸籠熱水起蒸7～8分鐘。

Note!

• 使用熱水燙麵的方式做出來的蒸餃皮，吃起來柔軟中
帶有嚼勁，剛蒸好至微溫的狀態最好吃。製作過程中
麵糰要隨時密封，以免乾燥。

• 青江菜先拌入麻油可避免出水影響內餡口感。

Vegetables 10

韭菜盒子

時間：50分鐘
份量：2大1小

材　料

餅皮	內餡
中筋麵粉　100g	韭菜　50g
鹽　1/8小匙	麻油　2大匙
熱水　40g	冬粉　1束
冷水　25g	中型雞蛋　2顆（約50g）
	鹽　1/2小匙
	白胡椒粉　1/4小匙

步　驟

1 以溫水泡發冬粉至軟，瀝乾切碎。

2 熱水加入鹽攪拌均勻，沖入麵粉，用筷子攪拌至呈絮狀。分次加入冷水，用手揉成光滑麵糰，冷水可視麵糰狀況調整，不需全部加入。揉好的麵糰密封靜置30分鐘。

3 韭菜洗淨後擦乾水分，切碎，拌入麻油。

4 熱鍋倒入打散蛋液，炒碎，取出備用。

5 取一大盆放入韭菜、冬粉、碎蛋，加入鹽和白胡椒粉拌勻。

6 取出麵糰分成12份（每份約13～14g），一一滾圓再桿平成圓片狀。

7 將拌好的餡料放置於餅皮上半部，對摺餅皮，以手指捏緊邊緣收口，取一叉子壓出花紋。

8 鍋中下1小匙油塗抹均勻，放入韭菜盒蓋上蓋子小火燜煎1分鐘，開蓋翻面煎至韭菜盒略澎、兩面金黃。

Note!

● 冬粉切愈細碎愈好，包進餅皮才不容易刺出。

媽媽特製的神祕小盒子，
皮薄餡香，裡面有香甜的蛋絲、彈牙的冬粉、
脆脆爽口的韭菜，以及媽媽的愛。

Soup

熱呼呼湯品
暖身也暖心

無論是做為一餐的開頭或收尾，
只要來一碗熱熱的湯，
就能讓人感到身心都暖和了起來，
這就是湯品的魔法、
是餐桌不可缺少的角色。

Soup 1
蘿蔔牛肉湯

時間：30＋90分鐘
份量：2大1小×2餐

材　料

牛腩　1kg

洋蔥　1顆（約160g，切粗絲）

紅蘿蔔　2～3根（約400g，切大塊）

蒜　4瓣（去皮）

薑　2片

八角　2粒

月桂葉　2片

熱水　約1500ml

鹽　適量

步　驟

1 牛腩切成3～4公分左右塊狀，熱鍋下一
　大匙油，中大火將牛肉煎炒至表面變色。
　牛肉燉煮完會縮小，因此要切成比一口大
　小略大的尺寸。

2 放入洋蔥、蒜、薑片、八角，中火炒至洋
　蔥變色，再放入紅蘿蔔翻炒均勻。

3 倒入熱水至蓋過肉和蔬菜，煮滾後以細濾
　網撈除浮沫；加蓋轉弱火（維持小滾狀
　態）燜煮1小時，熄火不開蓋燜30分鐘至
　牛肉軟爛。

4 加入適量鹽調味。

Note!

● 牛肉先煎再煮能鎖住鮮味；
　加入熱水燉煮，以免炒好的
　牛肉遇冷緊縮乾柴。

用清甜的蔬菜和少少的香料，
細火慢燉煮出來的牛肉湯，
是家常的單純美味。

Soup 2
快煮香菇雞湯

🍲 時間：30分鐘（香菇記得提前泡發喔！）
份量：2大1小

材　料

小雞腿　6隻
乾香菇　6朵
薑　4片
蒜　4瓣（切頭尾去皮不要拍扁）
枸杞　適量
熱水　約1000ml
鹽　適量

步　驟

1 乾香菇以冷水泡發1小時以上至軟。香菇
　水過濾後留下備用。

2 鍋中熱一小匙油，雞腿皮朝下放入，中火
　煎至金黃色；翻面煎至整隻雞腿上色，夾
　起放入湯鍋。

3 用煎雞腿逼出的油炒香薑、蒜、香菇後，
　連雞油一起倒入湯鍋，加入香菇水及熱水
　至蓋過湯料。

4 中大火煮滾後以細濾網撈去浮沫，保留雞
　油增香。蓋上鍋蓋微火燜煮20分鐘。

5 開蓋，轉中大火至煮滾，加入洗淨的枸杞
　滾30秒後熄火。

6 加入適量鹽調味。

Note!
● 雞腿快煎至皮變色即可
　夾起，以免肉質過老。

不需長時間熬煮也能燉出濃郁的湯頭。

雞腿先煎再燉，除增加香氣，還可使雞肉軟嫩不柴，入口即化。

加入麵及青菜，或用米飯煮成粥，

就是簡單又營養的一餐。

Soup 3

日式柴魚昆布高湯

時間：20分鐘（昆布記得提前泡發喔！）
份量：1000ml常備高湯

材 料

昆布　　10g
柴魚　　15g
冷開水　1000ml

步 驟

1 昆布以沾溼的紙巾稍微擦去表面雜質。鍋中放入冷水與處理好的昆布，浸泡至少2小時，或冷藏浸泡至隔夜。

2 原鍋連同昆布及水，以小火慢慢加熱，至開始冒泡微滾時立刻把昆布夾出（約10～15分鐘）。

3 撒入柴魚，轉中小火至煮滾後熄火，靜置2分鐘。同時準備濾網及乾淨的紗布巾。

4 以紗布巾和濾網過濾煮好的柴魚昆布高湯，分裝放涼後冷藏或冷凍保存備用。

Note!

● 昆布表面的白色粉末是鮮味的來源，不需要刻意擦除或洗去。

● 昆布和柴魚不要在滾水中過度煮沸，容易產生腥味。

冰箱裡不可缺少的常備高湯。
挑選品質好的昆布和柴魚片細細熬煮，
熬好的高湯可以做為任何湯或火鍋的湯底、
煮炊飯、煮粥、烏龍麵等各式料理；
剩餘的高湯可以放入小保鮮盒或冰塊盒冷凍，
方便隨時取用。

Soup 4

冬瓜薏仁排骨湯

 時間：30分鐘（記得提前處理薏仁喔！）
份量：2大1小

材 料

排骨　400g
冬瓜　250g（切丁）
薏仁　50g
水　約1200ml
薑片　4片
乾干貝　2顆

步 驟

1 前一晚將薏仁洗淨，放入滾水汆燙，瀝乾後冷凍保存隔夜。

2 干貝以溫水泡發備用。

3 鍋中放入2片薑片及排骨，倒入適量冷水至淹過排骨，中火慢慢加溫，煮滾後用濾網撈除浮沫。倒掉滾水，在流水下沖洗排骨，清除表面雜質與沫渣。

4 另外起一鍋滾水，放入剩餘薑片、洗淨的排骨、干貝及薏仁，再次煮滾後轉小火，蓋上蓋子燉煮20分鐘。

5 加入冬瓜，小火燉煮至呈半透明（約10分鐘）。

Note!

● 薏仁可一次處理大量，剩餘冷凍保存，隨時加入湯品或甜點都好用。冬瓜買回來以後也可以先切塊冷凍，方便保存之餘，還可縮短烹煮時間。

排骨搭配軟Q的薏仁、爽口的冬瓜，
清淡鮮甜的湯頭，是懷念的古早味。
在大人的碗裡倒入少許米酒再嗆入熱湯，
撒上白胡椒，與孩子一同享用記憶中的美味。

Soup 5
番茄羅宋湯

時間：30＋60分鐘
份量：2大1小×2餐

材料

牛腩　800g
洋蔥　1顆（約160g，切丁）
紅蘿蔔　2根（約250g）
西洋芹　4根（約100g）
帶莖番茄　4顆（約450g）
白肉馬鈴薯　1顆（約350g）
高麗菜葉　4片
蒜　3瓣（去皮拍扁）

番茄醬　3大匙
月桂葉　3片
檸檬　1/4顆（榨汁）
熱水　800ml
鹽　適量
黑胡椒　適量

步驟

1 洋蔥、紅蘿蔔切成1～1.5公分左右的小丁，西洋芹用削皮刀削去表皮粗纖維，取莖段切成寬1公分的小塊。番茄切大塊，高麗菜葉洗淨用手撕成小塊。

2 牛腩切成3公分左右塊狀，熱鍋下一大匙油，中火將牛肉煎至表面變色，取出備用。

3 同鍋用煎牛肉逼出的油脂爆香蒜瓣（油不夠可以補一點油），下洋蔥及芹菜中火炒至洋蔥略為透明；加入番茄和番茄醬翻炒至番茄軟化，再加入蘿蔔翻炒均勻。

4 放入牛肉和熱水，大火煮滾撇除浮沫。加入馬鈴薯塊和月桂葉，煮滾後加蓋轉小火燜煮30分鐘。馬鈴薯切開後容易氧化變黑，下鍋之前再去皮切大塊即可。

5 開蓋加入高麗菜葉及檸檬汁，再次以小火燜煮20～30分鐘。確認牛肉燉煮軟爛後熄火，加入適量鹽及黑胡椒調味。

用大量番茄和蔬菜熬煮出來的酸甜湯頭，
和燉得軟嫩的牛肉，做為開胃湯品、
或是直接搭配義大利麵當成主餐都適合。

Soup 6
南瓜濃湯

時間：30＋20分鐘
份量：2大1小

材　料

南瓜　120g
紅蘿蔔　60g
油　1小匙
鹽　1/4小匙
黑胡椒　適量

水　250ml
洋蔥　1/2顆（60g，切丁）
蒜　1瓣

巴西利　適量
希臘優格　適量
麵包塊　適量
核桃碎　適量

步　驟

1 烤箱預熱至攝氏200度。南瓜、紅蘿蔔去皮後切成1.5公分小丁，加入油、鹽、黑胡椒拌均，舖在烤盤上，放入烤箱以攝氏200度烤20～30分鐘至軟，邊緣金黃。

2 鍋中熱1大匙油，放入洋蔥和蒜瓣，中小火炒至洋蔥變色，加入烤好的蔬菜及水至蓋過蔬菜，煮滾後轉小火，加蓋燉煮15分鐘。

3 以手持攪拌器將濃湯打成泥狀，視情況加入熱水調整濃稠度。熱湯溫度高，攪打時小心避免噴濺。

4 加入優格、巴西利和麵包塊裝飾。

Note!

● 若不喜歡蒜味，可於打泥前將蒜取出；另外可撒上核桃碎增加口感和風味。

● 喜歡奶味重的話，可以加入一點燕麥奶，讓味道更有層次。

看似平凡的南瓜濃湯，有什麼特別之處？

祕密在於將蔬菜先烤過帶出甜味；

加入紅蘿蔔不但營養，也能讓湯的色澤更漂亮。

搭配希臘優格點綴，除了好看，還有解膩的作用，

請一定要試試。

濃郁香甜的玉米濃湯,是小朋友的最愛。利用馬鈴薯的澱粉做出自然濃稠的效果,

配合奶油炒過的洋蔥和玉米粒,天然的甜味和滑順口感,不論直接喝或是搭配麵包都美味。

這道湯品製作步驟不難但需要花一點時間,炒香配料並細細過濾,

就能做出香濃細緻的美味濃湯。

奶油玉米濃湯

時間：45分鐘
份量：2大1小

材　料

新鮮玉米　2支（取出玉米粒約200g）

熱水　250g

褐皮馬鈴薯　80g

洋蔥　1/2顆（約80g，切丁）

牛奶　150g

奶油　25g

鹽　1/4小匙

步　驟

1 馬鈴薯去皮後切成約4～5公分大小的塊狀，蒸至熟軟（叉子可輕易刺穿，約15分鐘）後取80g備用。

2 等待馬鈴薯的時間來準備其他湯料：洋蔥切成1公分左右丁狀。玉米拔除葉及鬚，清洗乾淨後，下方墊一個有深度的大盤或碗，用一根筷子從底部往前剔除一排玉米粒形成一溝槽，接著用手將玉米粒一排排往溝槽方向按壓即可完整取出玉米粒。與直接以刀切下玉米粒的方法相比，雖然多花一些時間，但能完整取出玉米粒，並將鬚及底部硬核留於梗上（若使用罐頭玉米粒則先將水分瀝乾後以冷開水稍微沖洗備用）。

手剝的

刀切的

3 取一有深度的平底鍋，以小火融化奶油，放入洋蔥丁仔細炒至呈半透明狀。炒過的洋蔥既香且甜，能為湯品增加風味，此步驟建議不要省略。全程需耐心以小火翻炒（約5分鐘）以免奶油燒焦影響湯品成色。

4 加入玉米粒，中小火翻炒至玉米粒呈金黃
色。若想保留玉米粒口感，可以於此步驟
完成後預留部分玉米粒最後添加。

5 加入熱水和蒸好的馬鈴薯，將馬鈴薯壓成
泥狀，攪拌均勻，蓋上蓋子小火燉煮10分
鐘。為了讓成品奶味更香濃，此步驟僅加
入少量的水，燉煮過程需不時攪拌，若未
加蓋燉煮則需留心水量狀況避免煮乾。

6 將煮好的玉米湯以攪拌棒或果汁機高速打
成泥狀；熱湯溫度非常高，攪拌時需注意
安全。以細濾網分次過濾於湯鍋中，棄置
剩餘殘渣。

7 重新開小火，加入鹽和牛奶攪拌均勻。牛
奶煮沸會產生腥味，只需煮至接近沸騰並
攪拌均勻即可。

8 撒上胡椒粉或搭配麵包趁熱食用。

Note!

● 剝取玉米粒的過程容易
  濺出汁液，建議在水槽
  或方便清理的地方進行
  操作。

Soup 8

干貝蒸蛋／肉末蒸蛋

時間：45分鐘
份量：2大1小

材料

原味蒸蛋
中型雞蛋　3顆（約150ml蛋液）
干貝水及冷水（或高湯）
約300ml（*見Note*）
鹽　1/4小匙

干貝醬汁
乾干貝　2顆
蔥花　少許
醬油　1小匙
香油　1小匙
開水　1大匙

肉末醬汁
豬絞肉　100g
蔥花　少許
醬油　1大匙
糖　1小匙
太白粉　2小匙
水　2大匙

步驟

1 干貝洗淨後加水淹過，蒸30分鐘至軟，取出瀝乾。干貝水預留備用。

2 雞蛋打散後加入鹽和干貝水，再補冷水或高湯至蛋液體積的3倍，輕輕攪拌均勻。

3 以細濾網過濾蛋液，倒入耐熱容器內，中小火蒸10～12分鐘至蛋液凝固（蒸製時間依容器深度而定）

4 製作肉末醬汁：將太白粉與水混合均勻。取一平底鍋，中火熱一大匙油，下豬絞肉翻炒至變色，加入醬油和糖炒勻，再拌入少許蔥花，最後從鍋邊淋入太白粉水勾芡。

5 製作干貝醬汁：將干貝撕成絲狀。混合醬油、香油、開水做成醬汁。

6 取出蒸蛋，分別淋上肉末醬汁和干貝醬汁。

Note!

● 若喜愛如同豆腐般軟嫩的口感，蛋液和水的比例是1：2。每顆雞蛋大小不同，可將雞蛋打入附有刻度的量杯測量蛋液體積，再加入2倍左右的水或高湯。若喜歡偏硬的口感，可調整水的比例至1.5倍。調好的蛋液湯汁一定要過濾，才能蒸出細滑零毛孔的蒸蛋。

● 蒸蛋時火侯不要過大，並留一小縫，中途可於7～8分鐘時開蓋確認蛋液凝固情況，並散去多餘蒸氣，避免蒸蛋過老。若以深碗盛裝，蒸製時間需再延長。

應該沒有孩子會拒絕蒸蛋吧？
大人小孩都喜愛的料理，
加上不同的醬汁就能有多種變化，
天天吃都不膩。
做好的蒸蛋密封放入冰箱冷藏，
只要回蒸3分鐘，
熱呼呼的營養點心隨時上桌。

Picnic Lunch Box

野餐便當盒
媽媽的快樂取決於出門走了多遠！

生活圍繞著孩子團團轉的你，

有多久沒有出門走走了呢？

到戶外郊遊踏青，

讓孩子「放電」的同時，也是父母「充電」的好方法。

準備一些帶有飽足感的餐點吧！

讓孩子享受美味的餐點和自然的景色，

爸爸媽媽則享受片刻的寧靜與自由。

Picnic Lunch Box 1
可愛造型飯糰

時間：20分鐘
份量：可做10個迷你飯糰

基本醋飯作法

材　料

壽司醋
米醋　1.5大匙
砂糖　1大匙
鹽　1/4小匙

白飯　320g

步　驟

1. 將壽司醋材料放入小碗中，微波加熱10秒使砂糖和鹽融化，攪拌均勻。

2. 白飯煮好後放入寬口碗中，趁熱淋上調製好的壽司醋，用湯匙以由下往上翻拌的方式輕輕攪拌均勻，盡量將白飯攤平放涼。剛拌好的醋飯有些濕黏，待冷卻後壽司醋會被米飯吸收，即成口感Q彈、帶有光澤的醋飯。

Note!

- 拌好的壽司醋可密封冷藏方便隨時取用；醋飯則不建議冷藏以免乾硬，待冷卻後裝入乾淨容器並盡快食用完畢。

- 造型飯糰製作要點：
  1. 利用保鮮膜包裹飯糰來塑型，能幫助飯糰捏得緊實、不沾手。
  2. 剪海苔時，持剪刀的手姿勢保持不變，另一手轉動海苔來配合剪出想要的形狀。
  3. 適合孩子的飯糰大小每個約30g～40g米飯。

混入壽司醋做成的醋飯，除了增加風味，
還能幫助飯糰保持新鮮。
拿出小剪刀、打洞器修剪海苔，
將飯糰做成可愛的小動物，
陪孩子一起去野餐吧！

Picnic Lunch Box 2

蜂蜜味噌野菜烤飯糰

時間：20分鐘
份量：可做小孩尺寸飯糰4個或大人尺寸2個

材　料

白飯　200g
花椰菜　2小朵（切碎）
紅蘿蔔　1小節（約20g，切碎）

蜂蜜味噌醬
味噌　1大匙
醬油　2小匙
砂糖　1小匙
蜂蜜　1小匙
冷開水　2小匙

海苔粉　適量

> 海苔粉可於日式超市買到，也可以用一般的壽司海苔撕成小片，放進食物切碎機打碎，再以細篩網過篩。做好的海苔粉可以密封冷藏保存並盡快食用完畢。

步　驟

1 花椰菜與紅蘿蔔切細碎，白飯煮好立刻拌入蔬菜碎，利用飯的蒸氣將蔬菜燜熟。

2 取50g拌好的白飯放入模型，塑型成帶有厚度的三角飯糰。若沒有模型，則以保鮮膜包裹後用手塑型。

3 將蜂蜜味噌醬所有材料混合均勻備用。

4 平底鍋加入2小匙油，油熱後轉小火放入飯糰，煎4～5分鐘確認底部形成硬脆鍋巴。翻面再加入1小匙油，一樣煎4～5分鐘；煎第二面的同時，在煎好的第一面塗上蜂蜜味噌醬。

5 轉最弱火，重新翻回塗好醬汁的第一面，煎2分鐘至醬汁與飯糰融合，形成有光澤的焦脆外殼。同時在另一面也塗上醬汁，一樣煎2分鐘。

6 撒上適量海苔粉。

Note!

● 建議使用不沾鍋避免醬汁沾黏；並使用最弱火以免味噌醬燒焦。

● 比起一般使用烤箱來「烤」飯糰的作法，鍋煎不但能保留飯糰內部水份，同時也讓外皮口感更加香脆。

● 1歲以下幼童不宜食用蜂蜜。

在味噌醬中加入祕密武器——蜂蜜，
利用平底鍋就能做出外表晶亮、
如同鍋巴的焦脆口感；
鹹中帶甜的滋味，
讓不愛米飯的孩子也忍不住
一口接一口。

Picnic Lunch Box 3
鮮蝦毛豆飯糰

時間：35分鐘
份量：可做6顆直徑5公分的飯糰

材　料

醋飯　200g
蝦子　3尾
帶殼毛豆　50g
玉米粒　40g

鹽　1小匙
薑片　1片

步　驟

1 煮一鍋滾水（約1公升），分別汆燙玉米粒、毛豆各1分鐘撈起；毛豆冷卻後去殼，與玉米粒一起拌入醋飯中。

2 水中加入鹽及薑片繼續煮滾；蝦子去除腸泥，放入滾水汆燙約2分鐘至變色，熄火不開蓋燜1分鐘，取出放涼，去殼剖半備用。

3 取一張保鮮膜，依序擺放蝦肉（紅色面朝下）及2大匙米飯，抓緊保鮮膜收緊旋轉捏成球狀飯糰。

Note!

● 醋飯作法參考P.126「可愛造型飯糰」。完整玉米粒取出作法參考P.118「奶油玉米濃湯」，或使用市售玉米罐頭代替。

● 蝦肉剖半，包進圓形飯糰更服貼。

結合蝦子、毛豆與玉米天然的甜味及豐富的色彩，
讓人看了就食指大動的彩色飯糰。
一口咬下彈牙的蝦肉、搭配毛豆與整顆玉米粒
在嘴裡波波波的口感，不論是平日餐桌的點綴，
或是帶出門做為郊遊的點心都十分適合。

三明治是野餐便當的基本款,

搭配多彩的食材,

做出吸睛又有飽足感的的輕食三明治吧!

若要攜帶出門記得搭配保冰袋和冰磚,

確保新鮮美味。

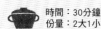
彩虹輕食三明治

時間：30分鐘
份量：2大1小

蛋沙拉三明治

材 料

白肉馬鈴薯　150g
紅蘿蔔　20g（刨絲）
小黃瓜　35g
水煮蛋　1顆
優格　25g
牛奶　25g
鹽　1/4小匙
黑胡椒　適量

步 驟

1 小黃瓜直向剖半，用小湯匙挖除中心籽，再切成薄片。紅蘿蔔以刨絲器刨成細絲，蒸熟備用。

2 馬鈴薯去皮切小塊，蒸熟後趁熱壓成泥，加入水煮蛋黃、優格、牛奶、鹽及胡椒攪拌均勻。

3 加入切成大塊的水煮蛋白、紅蘿蔔及小黃瓜，拌勻。

4 吐司片塗上奶油，以小火煎至金黃，夾入做好的蛋沙拉。

Note!
● 大人味可加入黃芥末、胡麻醬或美乃滋調味。

紫芋甜心三明治

材 料

芋頭　100g
紫薯　40g
奶油　10g
動物性鮮奶油　10g
牛奶　40g
糖　10g

步 驟

1 芋頭、紫薯去皮切小塊，蒸熟後趁熱壓成泥，加入所有調味拌勻。

2 吐司片塗上奶油，以小火煎至金黃，夾入做好的芋頭紫薯泥。

地瓜堅果三明治

材　料

地瓜　120g
核桃　10g
蔓越莓乾　10g
起司片　1片
生菜　適量

步　驟

1 吐司片塗上奶油，以小火煎至金黃；同時於鍋中放入
核桃烘香，用手捏碎備用。

2 地瓜去皮切小塊，蒸熟後趁熱壓成泥。拌入核桃和蔓
越莓，再加入起司，微波15秒使其融化。

3 以吐司片夾起生菜和地瓜泥。

Note!

● 地瓜含水量高，一般壓泥後可直接做成內餡。
若太乾可加入牛奶調整。

Picnic Lunch Box 5
薑燒紅藜米漢堡

時間：30分鐘（要事先準備米飯喔！）
份量：2人份

材　料

豬五花肉片　100g
洋蔥　1/2顆（約80g）

薑汁照燒醬
醬油　2大匙
冷開水　2大匙
砂糖　1大匙
蜂蜜　2小匙
薑泥　1小匙

紅藜飯　280g（可做4片／2個米漢堡）
奶油　15g

步　驟

1 紅藜飯作法：1/4杯紅藜麥與1又3/4杯生米混合（比例1：7），加入2杯水依一般煮飯程序烹煮。

2 豬五花加入2大匙照燒醬汁，抓醃靜置10分鐘。

3 取70g白飯放入模型，或捏成圓球狀再以湯匙輔助壓扁成扁圓型，一共做出4片米漢堡。平底鍋小火融化奶油至微微起泡後，放入塑型好的白飯，煎至兩面定型、呈淡金黃色，取出備用。煎過的飯糰除了幫助定型，也帶有鍋巴口感更有層次。

4 洋蔥縱向切成細絲，中火熱鍋下一大匙油，放入洋蔥炒至變色；再放入五花肉先不翻動，煎至表面金黃，倒入剩餘的照燒醬翻炒均勻，中火慢慢煎煮至收汁。

5 取一片米漢堡，舖上喜歡的生菜及薑燒豬肉，蓋上另一片米漢堡，以烘焙紙包裹方便食用。

Note!

● 若要攜帶出門，需放涼後再裝盒以免產生水氣，影響新鮮度。

● 1歲以下幼童不宜食用蜂蜜。

以蜂蜜取代部分糖，
不僅更健康，成品光澤也更漂亮；
以薑代替料酒去腥，
更適合幼童食用。

Picnic Lunch Box 6

花式潛艇堡

時間：40分鐘
份量：5個迷你肉丸堡＋3個炒麵麵包

茄汁肉丸潛艇堡

材　料

肉丸材料
（可製作15個小肉丸）
牛絞肉　250g
麵包粉　25g
鹽　1/8小匙
黑胡椒　1/8小匙

肉丸醬汁
番茄罐頭　4大匙
番茄醬　1大匙
義大利綜合香辛料　1/4小匙
冷開水　100ml

起司片　1片
小餐包　5個

步　驟

1 將肉丸醬汁材料混合均勻備用。

2 將牛絞肉與調味料於大碗中混合均勻，雙手沾水或戴手套防止沾黏，用手將混合好的絞肉塑型成15個肉丸。可利用稱重的方式使丸子大小一致（每個約17～18g），塑型時先將肉丸握緊捏實，再用雙手手掌揉成丸狀。

3 中火熱鍋下1小匙油，放入肉丸先煎熟底面，等丸子稍微定型後再以滾動的方式或晃動鍋子使表面均勻上色。這個步驟先將肉丸表面煎熟，可以將肉汁鎖在裡面。

4 加入調好的肉丸醬汁，小火燉煮5～7分鐘至肉丸熟透，期間需不時翻動使肉丸均勻吸收醬汁。

5 麵包放進烤箱，以攝氏175度烤5分鐘，從中間直向剖開但不切斷。將燉煮完成的肉丸夾入麵包，蓋上起司片後微波30秒至起司融化。

Note!

• 若要帶出門野餐，可以於麵包內部先塗上一層奶油，防止麵包被肉丸醬汁浸溼。

選用長型的麵包來製作最為適合。
茄汁口味的牛肉丸，即使涼了一樣美味；
加入蘋果泥的炒麵醬汁酸甜帶著果香，
開胃爽口又有飽足感。

日式炒麵麵包

材　料

細油麵或日式炒麵　165g
（可製作3個迷你炒麵麵包）

炒麵醬汁
肉丸醬汁　3大匙
醬油　1.5大匙
水　3大匙
砂糖　1大匙
蘋果泥　2大匙

小餐包 3個

> 利用P.138製作「茄汁肉丸潛艇堡」剩餘的醬汁為基底，來調製炒麵醬汁，滋味更加豐富。

步　驟

1 油麵過熱水汆燙後瀝乾。

2 平底鍋下一大匙油，下油麵煎至表面金黃。

3 加入調好的醬汁後攪拌均勻，起鍋夾入準備好的麵包，
　搭配喜愛的生菜一起吃更爽口。

Note!

● 如果想要單獨製作炒麵麵包，可以加入預先炒好的肉類和蔬菜，即成一道營養豐富的料理。

Picnic Lunch Box 7
檸檬炸雞堡

時間：50分鐘
份量：2大1小

材料

雞腿肉　350g
粗粒番薯粉　適量

雞肉醃料
醬油　1大匙
砂糖　1大匙
鹽　1/2小匙
黃檸檬汁　50ml（約半顆）
蛋黃　1顆
白胡椒　1/4小匙

步驟

1 黃檸檬表皮以軟刷仔細刷洗，刨下部分皮屑備用；取半顆檸檬榨出約50ml檸檬汁。

2 雞腿肉片成厚2公分的大塊狀，取一碗加入所有醃料拌均，放入雞腿肉用手抓醃，使雞肉完全浸泡於醃料內靜置30分鐘。

3 取出雞肉，表面沾裹粗粒番薯粉，放置盤中靜置約5分鐘等待表面裹粉反濕回潮。

4 取一小鍋，加入油約2公分高，待油熱出現油紋後以半煎炸方式將雞肉炸熟（約4分鐘，於2分30秒時翻面）。煎炸好的雞肉置於瀝油網上靜置10分鐘，利用餘溫燜熟，雞肉口感更多汁。

5 撒上檸檬皮屑，搭配喜歡的生菜及麵包一起享用。

Note!

● 雞肉不需切得太小塊，才能保留多汁口感；但因為使用半煎炸的方式，建議雞肉厚度不要超過2公分。

● 醃料僅使用蛋黃，使醃料濃縮更入味，炸雞口感亦更酥脆。

● 油溫判斷方法：溫度計測量約攝氏160度，或取一小塊麵糊投入看見大量氣泡產生、麵糊迅速浮起即可下鍋。

檸檬的清香平衡炸雞的油膩，
冷食也好吃，是野餐的最佳選擇。

Picnic Lunch Box 8

牛肉起司塔可

時間：30分鐘
份量：2大1小

材　料

牛絞肉　300g
洋蔥　半顆（約70g）
蒜　1瓣（切末）
玉女番茄　10粒（切半）
番茄醬或義大利麵紅醬　2大匙
義大利綜合香辛料　適量
鹽　1/4匙
起司絲　50g
青江菜　2株（切細絲）
墨西哥玉米薄餅（corn tortilla）

步　驟

1 平底鍋下一小匙油，放入青江菜絲快炒1分鐘
　後盛起備用。

2 原鍋再補一小匙油，將絞肉分成小塊團狀，先
　煎至表面焦脆金黃，再用鍋鏟鏟碎翻炒；翻炒
　同時加入洋蔥和蒜末，炒至牛肉變色、洋蔥呈
　半透明狀。

3 加入番茄、番茄醬、香料及鹽，翻炒均勻，盛
　起備用。

4 取一張塔可餅皮，用模型或杯子壓出迷你圓型
　餅皮。利用鍋中剩餘的茄汁和牛油將餅皮煎至
　金黃，將炒好的肉餡和青菜舖在餅皮內，撒上
　起司，以平底鍋乾烙至起司融化，對摺夾起。

Note!
● 加熱後的餅皮冷卻後會
　變得硬脆，因此起鍋後
　要盡快對摺塑型。

來做個迷你版的墨西哥玉米塔可餅吧！
搭配茄汁牛肉和起司，
與青江菜碰出意想不到的火花。

Desserts & Snacks

與孩子的甜蜜點心時光

自己做，最安心

為了減少孩子接觸市售零食的機會，

我喜歡自己在家製作健康的小點心，

從原料到製程一一把關，

避免攝入過多的糖分與添加物。

這個章節收錄我平常做給孩子的 8 樣甜點，

皆以新鮮現製、約 1 ～ 3 日能完食的小份量為主。

不妨找個有空的下午或假日來試試吧！

也可以與孩子一起製作，享受滿滿的成就感，

創造「甜蜜」的回憶。

Desserts & Snacks 1
手工黑芝麻蛋卷

時間：30分鐘
份量：本配方約可做10～12根蛋卷

材　料

中型雞蛋　2個（約100g）

砂糖　35g

鹽　1/8匙（約1g）

低筋麵粉　50g

椰子油　50g

黑芝麻　8g

步　驟

1　雞蛋打散，加入砂糖和鹽攪拌均勻。

2　麵粉過篩後分二次加入蛋液中，用刮刀輕輕切拌至無粉粒狀。

3　加入椰子油混合均勻。

4　拌入芝麻，靜置15分鐘使麵筋鬆馳。

5　取一不沾平底鍋，冷鍋不要開火也不要放油，舀二湯匙麵糊放入鍋中，用湯匙背面輕輕將麵糊推展開來；可以將平底鍋舉起稍微轉動協助麵糊攤平。

6　開中小火，煎至兩面略帶金黃。

7　準備耐熱的工作枱面（乾淨砧板、大平盤皆可）及長木筷，熄火將餅皮移出後立刻緊靠筷子捲起，靜置1分鐘冷卻定型後抽出筷子。

8　重覆步驟5～7至完成所有蛋卷。

Note!

● 椰子油可以無鹽奶油微波融化冷卻後代替。

● 餅皮離鍋後若沒有馬上捲起，遇冷就會變硬捲不起來；但剛煎好的餅皮非常燙，因此建議戴上乾淨的棉布手套來操作避免燙手。

● 每煎完一個蛋卷，用溫涼的水沖一下鍋子背面使其降溫。如果鍋子太熱，麵糊一倒進去就會凝固不容易攤平，太厚的餅皮做出來口感偏軟不脆。

● 蛋卷剛做好的時候口感最為酥脆。亦可將蛋卷放涼以後放入密封盒裡避免受潮，要吃之前用烤箱以攝氏150度回烤5～10分鐘，即可恢復酥脆口感。

只需要幾樣單純的食材，
充滿蛋香、不含添加劑的杏脆蛋卷，
在家也能自己做！
使用椰子油取代奶油，
健康不膩口，還多了獨特的椰子香氣。

Desserts & Snacks 2

核果蜂蜜燕麥餅乾

時間：10＋30分鐘
份量：本配方約可做10個小餅乾

材料

黑糖 12g

低筋麵粉 25g

即食燕麥 50g

鹽 1/8小匙

核桃 10g

蔓越莓乾 18g

蜂蜜 7g

牛奶 25g

椰子油 12g

步驟

1 烤箱預熱至攝氏150度。烤盤舖上烘焙紙。

2 核桃用手剝成小塊，蔓越莓乾剪半備用。

3 黑糖及麵粉過篩後，加入燕麥、鹽、核桃及蔓越莓乾，混合均勻。

4 加入蜂蜜，用湯匙攪拌，再加入牛奶和椰子油攪拌至成糰。

5 用湯匙或手將麵糰塑形成直徑約5公分、厚1公分的餅狀，間隔擺放於烤盤上，送入烤箱以攝氏150度烤30分鐘。

Note!

- 幼童食用核桃或果乾需注意安全。

- 1歲以下幼童不宜食用蜂蜜。

- 低溫烘烤時間較長，但能保留果乾的口感；黑糖除了帶有香氣，還能幫助餅乾成色更漂亮。

以燕麥為基底、
低糖低油的健康零食。
做法簡單零失敗，
適合隨時備在身上的小點心。

Desserts & Snacks 3
海苔薄餅

 時間：15＋15分鐘（奶油要先放室溫軟化喔！）
份量：本配方約可做70個直徑2公分的小餅乾

材 料

無鹽奶油　60g

糖粉　35g

蛋白　1個（約35g）

中筋麵粉　60g

全脂牛奶　15g

海苔粉　適量

（自製海苔粉做法參考P.128「蜂蜜味噌野菜烤飯糰」）

步 驟

1 奶油放置室溫軟化，至用手指輕按會留下痕跡（約30分鐘至1小時）。

2 烤盤舖上耐熱烘焙墊，用直徑約2公分的小蓋子沾取麵粉，在烘焙墊上蓋出圓型記號。烤箱預熱至攝氏170度。

3 以電動攪拌器稍微打發奶油；加入過篩後的糖粉攪拌均勻，再繼續攪打至糖粉融化、奶油澎鬆泛白

4 分3次將蛋白加入奶油中一起打發。

5 加入過篩後的中筋麵粉，以橡皮刮刀拌勻。

6 加入牛奶，攪拌均勻成滑順的麵糊。

7 將麵糊倒進裝有圓孔擠花嘴的擠花袋，在烘焙墊上擠出圓型麵糊，撒上適量海苔粉，放入烤箱以攝氏170度烤15分鐘或至表面上色，取出置於散熱架上冷卻。

Note!

● 事先在烘焙墊上蓋出圓型記號，可使擠出來的餅乾麵糊排列整齊、大小一致，幫助烘烤時上色均勻。

● 餅乾冷卻後建議裝入密封盒保存並盡快食用完畢。

● 糖粉可以用砂糖取代，成品口感及外觀可能略有差異：糖粉製作的餅乾較酥鬆，砂糖製作的餅乾較硬脆。

這款海苔薄餅不含泡打粉和膨脹劑，
利用蛋白來達到膨鬆薄脆的口感。
酥脆的餅乾帶著海苔的鹹香，
是愈吃愈涮嘴的好滋味。

Desserts & Snacks 4
一口鬆餅

時間：10分鐘（請於前一晚調製酵母麵糊）
份量：約可做30片一口小鬆餅

材　料

牛奶　100g

椰子油　10g

糖　25克

雞蛋　1個

速發酵母　1克

低筋麵粉　90克

步　驟

1 將雞蛋打散，加入糖和牛奶，攪拌均勻。

2 麵粉過篩後倒入牛奶蛋液，加入酵母粉，輕輕翻拌至均勻無
　粉粒狀。

3 加入椰子油拌均，密封冷藏8～12小時。

4 麵糊自冷藏取出，攪拌均勻。不沾鍋不加油，以湯匙一匙匙
　挖入麵糊，小火煎至氣泡冒出後翻面，煎至兩面金黃。

Note!

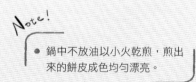

● 鍋中不放油以小火乾煎，煎出
　來的餅皮成色均勻漂亮。

154

其實自己製作鬆餅並不難，

只要前一晚先將麵糊調好，

隔天一早就有熱呼呼的鬆餅當早餐。

這款鬆餅利用天然酵母低溫發酵的麵糊，

不需泡打粉也能做出柔軟的口感。

做成孩子一口可以吃下的迷你尺寸，

淋上奶油或蜂蜜、塗果醬，

或是搭配新鮮水果一起食用，

就是簡單的幸福滋味。

Desserts & Snacks 5
全麥餅乾

時間：20分鐘＋冷藏隔夜＋30分鐘
（建議於前一晚先準備餅乾麵糰）
份量：本配方約可做15片小餅乾

材　料

無鹽奶油　60g

鹽　1/8小匙

糖粉　50g

蛋液　25g

全麥麵粉　60g

低筋麵粉　60g（過篩）

步　驟

1 奶油預先放置室溫軟化，至用手指輕按會留下痕跡（約30分鐘至1小時）。

2 以攪拌器將奶油稍微打發，加入鹽及糖粉，再用攪拌器打至澎鬆泛白。

3 將蛋液分成3次加入，每次都要與奶油混合均勻後再加入下一次。

4 加入過篩後的低筋麵粉及全麥麵粉，用刮刀切拌混合均勻至麵糰表面光滑。將麵糰整理成約3公分厚的方塊狀，密封放置冷藏隔夜（若時間不足，至少放置2～3小時以上至麵糰定型）。

5 取出麵糰，用桿麵棍敲打將麵糰拍扁，桿平至厚度3公釐。以模具壓出圖案，放置於烤盤上。

6 烤盤覆蓋保鮮膜，放進冰箱冷藏至少10分鐘使麵糰定型，同時預熱烤箱至攝氏160度。

7 將烤盤放進烤箱，以攝氏160度烤13～15分鐘左右至上色，取出置於架上放涼。

Note!

● 如果在壓模的過程中會沾黏，可以在模具上沾少量高筋麵粉。若麵糰接觸手指或放置室溫過久軟化，可放回冷藏使其重新定形，方便壓模操作。

● 可以砂糖取代糖粉，成品差異請見P.152「海苔薄餅」。

● 做好的餅乾麵糰加入些許可可粉，即成大人味的巧克力餅乾。

特別的日子，為孩子做些特別的點心吧。

加入全麥麵粉的配方，

讓餅乾也能更健康。

選擇任何（孩子）喜愛的模具，

依步驟仔細製作，

接下來就等著享受烘烤時滿室的溫暖香味，

以及上桌時孩子們的燦爛笑顏。

Desserts & Snacks 6

優格乳酪夾心餅

時間：15分鐘（奶油乳酪要先放室溫軟化喔！）
份量：本配方使用容器尺寸10公分X10公分，
　　　約可製作厚度2公分的優格乳酪夾心。

材　料

奶油乳酪　150g

原味無糖希臘優格　75g

檸檬汁　1大匙

牛奶　45g

細砂糖　40g

吉利丁粉　6g

冷水　36g

步　驟

1 於容器內舖上烘焙紙備用。另取一耐熱小碗，將吉利丁粉泡入冷水，不需攪拌，靜置使其
泡發。

2 奶油乳酪放置室溫軟化，以橡皮刮刀攪拌至柔軟；再加入細砂糖攪拌至均勻無粉粒。

3 加入優格、牛奶和檸檬汁攪拌均勻。

4 將裝有吉利丁粉的小碗坐入熱水浴中，以隔水加熱的方式加熱至微溫，邊加邊攪拌至吉利
丁粉融化呈半透明液體狀。注意溫度不要過高以免吉利丁沸騰起泡，影響凝結效果。

5 將吉利丁溶液加入拌好的優格乳酪中，攪拌均勻。

6 倒入容器內，密封冷藏隔夜或至少6小時以上至凝固。

7 抓住烘焙紙四角取出即可輕鬆脫模。以製作餅乾的壓模壓出與餅乾相同的形狀，上下以餅
乾夾起。

註：餅乾作法參考P.156「全麥餅乾」。

成分以優格和奶油乳酪為主、
清爽健康的小點心，
不需開火就能完成。
搭配特製手工餅乾一口咬下，
酸酸甜甜的滋味，
只吃一個也非常滿足。

帶有蜂蜜香味的餅皮，
搭配二種不同柔滑細膩的內餡，
再夾入QQ的白玉豆腐糰子，
即成口感豐富的小點心。
遇冷也不會變硬的白玉糰子，
加入豆腐製成，帶有淡淡豆香；
除了製成銅鑼燒夾心，
平時也可以放入甜湯一起享用。

銅鑼燒

奶油紅豆餡 🍲 時間：100分鐘（內餡可於前一天製作完成，密封冷藏保存。）

材 料

紅豆　200g
水　500g
砂糖　125g
無鹽奶油　50g

步　驟

1. 以溫熱水（手能觸摸的最高溫度）浸泡清洗紅豆，挑除破損或浮起的豆子。

2. 倒掉熱水，以冷水再次清洗紅豆，瀝乾備用。

3. 取一深碗放入瀝乾的紅豆及500g水，放入電鍋或蒸籠蒸煮30分鐘，熄火不開蓋燜20分鐘。

4. 以湯匙輕輕攪拌紅豆，續蒸15分鐘，熄火不開蓋燜20分鐘。

5. 開蓋確認紅豆熟軟，加入砂糖輕輕拌勻。

6. 不沾鍋放入煮好的紅豆及奶油，小火翻炒至奶油融化、水分收乾，以鍋鏟壓扁一半紅豆成豆沙內餡，可保留部分顆粒增加口感。

Note!

- 購買時挑選顏色較淺的新豆，所需蒸煮時間較短。若二次蒸煮後紅豆仍未熟軟，重覆步驟4。務必確認紅豆熟透再加入糖。

- 炒過紅豆的鍋子立刻以熱水浸泡以免沾鍋。

- 做完步驟5可放置冰箱冷藏隔夜，就是好吃的蜜紅豆，加入牛奶或搭配冰品食用皆宜。需要製作內餡時，再取出適量進行步驟6。

芋泥餡 　時間：20分鐘（內餡可於前一天製作完成，密封冷藏保存。）

材　料

芋頭去皮切大塊　200g
砂糖　30g
無鹽奶油　10g
牛奶　40g

步　驟

1　芋頭蒸至熟軟，趁熱用叉
子壓成泥。

2　加入奶油、砂糖及牛奶攪
拌均勻。

Note!

● 若芋泥太乾可再加入牛奶調整溼潤度。

豆腐白玉糰子 　時間：15分鐘

材　料

白玉粉　30g
豆腐　25g

步　驟

1　豆腐洗淨瀝乾多餘水分，加入白玉粉，用手捏成耳垂般
柔軟的麵糰，再塑形成任意形狀。如果麵糰太乾可以加
入冷水調整。

2　準備一碗開水，放入少許冰塊備用。

3　起一鍋滾水，輕輕放入白玉糰子煮至浮起後再多煮1分
鐘，撈起立刻放入冷水浸泡1分鐘後取出。

Note!

● 白玉粉可於日系超市購買；豆腐也可以冷水代替。

餅皮

時間：30分鐘
份量：約做直徑6公分的餅皮18片

材料

中型雞蛋　2個（室溫）
細砂糖　40g
蜂蜜　15g
牛奶　60g
低筋麵粉　90g

步驟

1. 雞蛋自冷藏取出後，以微溫的水浸泡至回復室溫，打散蛋液至攪拌盆中。

2. 以電動攪拌器打發蛋液至出現大量粗泡；加入砂糖，高速打發至蛋液澎鬆泛白，滴落有明顯痕跡（手持攪拌器約8～10分鐘，桌上型攪拌器約6分鐘）。

3. 加入蜂蜜和牛奶攪拌均勻。

4. 分二次加入過篩後的麵粉，每次加入後都要以刮刀輕輕翻拌至均勻無粉粒。

5. 不沾鍋不加油，以湯匙一匙匙挖入麵糊，小火煎至氣泡冒出後翻面，煎至兩面金黃。

6. 置於架上放涼後密封保存。

Note!

- 全蛋確實打發是餅皮鬆軟的關鍵，使用室溫的雞蛋或以溫水坐浴蛋液打發，能使打發的蛋液更加穩定。

- 1歲以下幼童不宜食用蜂蜜。

Desserts & Snacks 8
芒果三重奏

原味鮮奶奶酪

時間：15分鐘＋冷藏4小時以上（建議於前一天完成，冷藏隔夜即可享用）
份量：可做3杯鮮奶奶酪，或搭配P.166芒果奶酪製成6杯綜合奶酪，每杯奶酪約80ml

材　料

牛奶　140ml

動物性鮮奶油　100ml

砂糖　24g

吉利丁粉　3g

冷水　18g

步　驟

1 將吉利丁粉泡入冷水，不需攪拌，靜置使其泡發。

2 小鍋內加入牛奶及砂糖，以小火加熱，一邊攪拌至砂糖完全融化即可熄火，避免溫度過高牛奶沸騰。

3 趁熱加入泡發後的吉利丁粉攪拌均勻，務必確認吉利丁粉完全溶解。

4 加入鮮奶油拌勻。

5 倒入容器內，以蓋子或保鮮膜密封後冷藏4小時以上或隔夜至凝固。

Note!

● 想做出吸睛的傾斜效果，將杯子放入適合的容器內使其傾斜，倒入原味奶酪，冷藏至表面凝固；取出杯子恢復直立，再倒入芒果奶酪，冷藏至凝固即可。

● 此配方為入口即化的軟嫩口感，若喜歡較硬的口感，可以稍微增加吉利丁粉的用量。

夏日是芒果盛產的季節，
選用當季品種製作，
搭配濃郁的奶酪和新鮮果泥，
多重的酸甜滋味，
是夏日限定的冰涼甜點。

芒果奶酪

時間：20分鐘＋冷藏4小時以上（建議於前一天完成，冷藏隔夜即可享用）
份量：可做3杯芒果奶酪，或搭配P.164鮮奶奶酪製成6杯綜合奶酪，每杯奶酪約80ml

材　料

芒果　1顆（大於200g）
牛奶　70ml
動物性鮮奶油　20ml
砂糖　20g
吉利丁粉　3g
冷水　18g
檸檬汁　1小匙

步　驟

1 將吉利丁粉泡入冷水，不需攪拌，靜置使其泡發。

2 芒果切丁，取160g果肉用攪拌棒打成泥，加入檸檬汁攪拌均勻。剩餘芒果丁密封冷藏備用。

3 小鍋內加入牛奶及砂糖，以小火加熱，一邊攪拌至砂糖完全融化即可熄火，避免溫度過高牛奶沸騰。

4 趁熱加入泡發後的吉利丁粉攪拌均勻。

5 加入鮮奶油拌勻。

6 加入120g芒果泥拌勻。剩餘約35～40g芒果泥密封冷藏預留做為淋醬使用。

7 倒入容器內，以蓋子或保鮮膜密封後冷藏4小時以上或隔夜至凝固。

8 取出加入芒果泥和芒果丁，綴以新鮮薄荷葉裝飾。

Note!

● 建議使用當季成熟的芒果，風味最佳。每顆芒果酸甜程度不同，切丁的時候可先確認再調整糖的用量。檸檬汁有提味的作用，能帶出芒果的香氣，建議不要省略。

‹kitchen Layout›

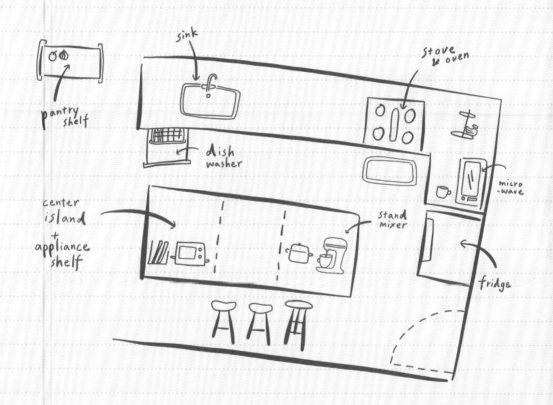

sink

stove & oven

pantry shelf

dish washer

micro -wave

center island + appliance shelf

stand mixer

fridge

167

Steam Buns

有一點點難度的麵點課
花式饅頭

成分單純的饅頭，適合孩子天天食用；

只要加一點巧思，就能變化出豐富的造型。

成品 30g 的饅頭，是孩子的手剛剛好可以握起的大小，

不論是直接當點心，或是夾入肉、

菜或蛋做為正餐食用都非常適合。

Steam Buns 1
瞌睡熊手工饅頭

時間：2.5〜3小時
份量：可做5個牛奶小饅頭＋5個黑糖小饅頭

牛奶 / 黑糖

 材料

牛奶饅頭
中筋麵粉　100g
牛奶　52g
速發酵母　1g
砂糖　6g
液體油　2g

黑糖饅頭
中筋麵粉　100g
水　48g
速發酵母　1g
黑糖　10g
液體油　2g

簡單的刀切饅頭搖身一變，
加上耳朵和表情，
就成了可愛的小熊。
找找看，
哪一隻偷偷打瞌睡了？

步　驟

1 製作黑糖麵糰：將黑糖加入水中攪拌至溶解，再加入速發酵母和油，攪拌均勻。

2 大盆裡放入麵粉，再倒入步驟1的材料，用手揉製成糰後移至桌面，左手扶住麵糰，右手掌以前後搓揉的方式（或用攪拌機以中低速攪打13分鐘）將麵糰揉至均勻光滑，密封靜置5分鐘使麵糰鬆弛。

3 將砂糖加入牛奶中，以相同步驟完成牛奶麵糰。

4 將麵糰桿平成長方型後摺成三折，轉90度重新桿平，排出所有氣泡。末端稍微壓平，從前端輕輕捲起成長條狀；捲起的力道不宜過大，只需注意讓麵片緊密貼合，不要包入空氣即可。

5 前後滾動麵糰卷，調整至適宜的寬度，切除頭尾，再分切成五等份，分別墊上裁切好的烘焙紙。

6 頭尾部分的麵糰重新揉合，桿平至1～2mm厚，用擠花嘴壓出5個圓形小麵片，背面沾一點冷開水，分別貼在步驟5的饅頭上。如果沒有擠花嘴，亦可以剪一小截粗吸管做為模型使用。

7 剩餘麵糰揉出10個小球，做成熊耳朵，沾水貼在饅頭上方。造型好的饅頭置於蒸籠或密閉空間內發酵。半小時後，每5分鐘確認一次發酵狀況，至饅頭長寬約膨脹為1.5倍、拿起有輕盈感、輕輕按壓表面會緩慢回彈即可。

8 發酵接近完成時開中小火溫水起蒸，蒸鍋蓋留一小縫調節水氣。蒸氣冒出後算起蒸15分鐘，熄火後燜1分鐘（鍋蓋維持留縫狀態，使蒸氣逐漸散出），開蓋後立即取出置於架上放涼。

9 饅頭冷卻後，以竹籤沾取芝麻醬畫上五官。

Note!

● 黑糖麵糰發酵速度較牛奶麵糰慢，若同時製作兩種麵糰，建議先準備黑糖麵糰，待麵糰靜置時，再來製作牛奶麵糰。

Steam Buns 2
浪漫玫瑰饅頭

時間：2.5～3小時
份量：可做8朵玫瑰小饅頭

抹茶 / 薑黃

材 料

牛奶饅頭
中筋麵粉　150g
牛奶　78g
速發酵母　1.5g
砂糖　9g
液體油　3g

抹茶粉　適量
薑黃粉　適量

看似複雜、作法卻意外簡單的玫瑰，
送給前世和今世的情人。

步　驟

1. 參考P.172「瞌睡熊手工饅頭」，揉製牛奶饅頭麵糰。

2. 將麵糰分成六等份，每份約40g。其中二份各加入適量抹茶粉，揉成一深一淺的綠色麵糰。另外二份則加入適量薑黃粉，揉成一深一淺的黃色麵糰。揉好的麵糰記得以大盆倒扣密封，避免乾燥結皮。

3. 先製作薑黃玫瑰饅頭：取一白色麵糰，桿平成長方型，不規則的部分切除一小塊，預留備用。長方型麵片由前端捲起成長條狀，再切成4等份的劑子。

4. 淺黃及深黃色麵糰以同樣步驟製作。

5. 取一麵糰劑子，切面朝上橫放。

6. 一手持桿麵棍，一邊桿、一邊以另一手旋轉麵片，將麵糰桿成中間厚、周圍薄的圓麵片。依序完成所有麵糰劑子。

7 以白色、白色、淺黃、淺黃、深黃、深黃的順序,將6個麵片以間隔1.5公分左右疊放排成一列。取一小塊剩餘的深黃麵糰,搓揉成中間圓、兩頭細的尖錐狀做為花芯,放在最前端,輕輕將整排麵片捲起;從中間切一刀,即可得二朵玫瑰。

8 將玫瑰立起,底部塑成圓型,置於裁切好的烘焙紙上,調整花瓣至想要的樣子。

9 以相同步驟製作抹茶玫瑰饅頭。

10 進行發酵與蒸製(參考 P.173「瞌睡熊手工饅頭」步驟7~8)。

Note!

● 抹茶粉及薑黃粉也可以用紅麴粉或其他天然色粉代替,製作不同顏色的玫瑰;花瓣順序也可依自己的喜好調整。

關於饅頭製作的
細節經驗談

份量

本食譜的麵糰份量以方便手揉操作為主，並搭配30公分以上單層蒸籠，一次可以蒸製完成的份量；當然也可以等比例調整份量並配合攪拌機來操作。如蒸籠容量有限無法一次蒸完，則以發酵情況決定蒸製的優先順序，避免麵糰過度發酵。

水量

在揉製麵糰的過程中，由於環境溫、溼度或手掌溫度的影響，可能造成水分散失，可視情況少量逐次添加水分。饅頭麵糰水分偏少，不好揉，一開始覺得麵糰很乾是正常的，務必等到全部材料揉勻後再決定是否增加水量。揉好的饅頭應該是表面光滑、帶有霧面光澤感，不裂、不粗糙、不黏手，有如耳垂般的柔軟度。

酵母量

食譜中1g的速發酵母若不好秤量，可使用酵母專用量杯，或以1/4小匙取代。

油

一般無色無味液體油皆可。我使用酪梨油。

發酵

若沒有發酵箱，可以直接在蒸籠上用攝氏40～50度的溫水幫助發酵；或是置於密閉空間內（如微波爐或烤箱），旁邊放一小盆熱水增加溫度與溼度。發酵程度的判定需要一點經驗，一般同時以測量法（長寬或直徑變為1.5倍以上）和觸摸法（輕輕按壓後饅頭緩慢回彈）來判定。發酵不足的饅頭，蒸製後體積較小、表面有暗色皺

縮（或透明硬塊）、吃起來口感偏硬；發酵過頭，饅頭容易起泡塌陷、口感鬆弛沒有嚼勁。

蒸製

可以使用竹蒸籠或不鏽鋼蒸籠。竹蒸籠較透氣，但不易保養；若使用不鏽鋼蒸籠，除了在底部墊蒸籠布，蓋子也要記得包布、並於蒸製時留一小縫以免水氣過重。蒸鍋內的水位不需過高，以15分鐘內不會燒乾的高度即可（約2.5～3公分深）。

熟成判定

每顆30g大小的饅頭，蒸製15分鐘已經足夠。愈大的饅頭，所需蒸製時間愈長。蒸熟的饅頭表面帶有光澤，按壓會回彈，口感鬆軟帶有嚼勁、不黏牙。

保存

沒有立即食用的饅頭，放涼後可密封冷凍保存；取出不需解凍直接回蒸。

後記

創作這本書的期間,正值加拿大COVID-19疫情肆虐的時期。雖然食材的採買時常受到限制,但因為在家煮食的時間變多,有了更多機會嘗試並調整食譜的細節作法,也算是因禍得福吧。

本書的完成要感謝編輯麗娜、設計佳穎、美編Misha,跨洋透過無數訊息和電話、不厭其煩的陪我修改每個細節;謝謝在身邊支持我的家人,也謝謝一直堅持到最後的自己。

這本書詳細記錄了每道精選食譜的製作過程,有些特別容易失敗的地方也都寫進去了,如同我自己的廚房筆記一般。希望不管你是廚房新手或老手、每天煮飯或是偶爾想煮一頓飯,都能從中獲得一些靈感和小技巧;也希望帶給同在育兒路上前行的你,一點點幫助、一點點療癒的力量。

bon matin 140

米米家的萌餐桌

作　　　　者	Rumi 米米	
社　　　長	張瑩瑩	
總　編　輯	蔡麗真	
美　術　編　輯	Misha Teng	
封　面　設　計	謝佳穎	

責　任　編　輯	莊麗娜
行銷企畫經理	林麗紅
行　銷　企　畫	蔡逸萱，李映柔
出　　　版	野人文化股份有限公司
發　　　行	遠足文化事業股份有限公司
	地址：231 新北市新店區民權路 108-2 號 9 樓
	電話：（02）2218-1417
	傳真：（02）86671065
	電子信箱：service@bookreP.com.tw
	網址：www.bookreP.com.tw
	郵撥帳號：19504465 遠足文化事業股份有限公司
	客服專線：0800-221-029

特　別　聲　明：有關本書的言論內容，不代表本公司／出版集團之立
場與意見，文責由作者自行承擔。

讀書共和國出版集團

社　　　　長	郭重興
發行人兼出版總監	曾大福
業務平臺總經理	李雪麗
業務平臺副總經理	李復民
實體通路協理	林詩富
網路暨海外通路協理	張鑫峰
特販通路協理	陳綺瑩

印　　務	黃禮賢、林文義
法　律　顧　問	華洋法律事務所　蘇文生律師
印　　製	凱林彩印股份有限公司
初　　版	2022 年 1 月 25 日

978-986-384-634-5（平裝）
978-986-384-638-3（EPUB）
978-986-384-640-6（PDF）

歡迎團體訂購，另有優惠，請洽業務部
（02）22181417 分機 1124、1135

國家圖書館出版品預行編目（CIP）資料

米米家的萌餐桌 /Rumi 米米著 . -- 初版 . -- 新北市：野人文化股份有限公司出版：遠足文化事業股份有限公司發行 , 2022.02
192 面；17*23 公分 . --（bon matin；140）　ISBN 978-986-384-634-5(平裝)　1. 食譜 2. 烹飪
427.1
110020168

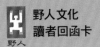

感謝您購買《米米家的萌餐桌》

姓　名 　　　　　　　　□女 □男　年齡

地　址

電　話 　　　　　　　手機

Email

學　歷 □國中(含以下) □高中職　□大專　　□研究所以上
職　業 □生產/製造　□金融/商業　□傳播/廣告　□軍警/公務員
　　　 □教育/文化　□旅遊/運輸　□醫療/保健　□仲介/服務
　　　 □學生　　　□自由/家管　□其他

◆你從何處知道此書？
　□書店　□書訊　□書評　□報紙　□廣播　□電視　□網路
　□廣告DM　□親友介紹　□其他

◆您在哪裡買到本書？
　□誠品書店　□誠品網路書店　□金石堂書店　□金石堂網路書店
　□博客來網路書店　□其他＿＿＿＿＿＿＿＿＿＿＿

◆你的閱讀習慣：
　□親子教養　□文學　□翻譯小說　□日文小說　□華文小說　□藝術設計
　□人文社科　□自然科學　□商業理財　□宗教哲學　□心理勵志
　□休閒生活(旅遊、瘦身、美容、園藝等)　□手工藝／DIY　□飲食／食譜
　□健康養生　□兩性　□圖文書／漫畫　□其他

◆你對本書的評價：(請填代號，1.非常滿意　2.滿意　3.尚可　4.待改進)
　書名＿＿＿封面設計＿＿＿版面編排＿＿＿印刷＿＿＿內容＿＿＿
　整體評價＿＿＿

◆希望我們為您增加什麼樣的內容：

◆你對本書的建議：

23141
新北市新店區民權路108-2號9樓
野人文化股份有限公司 收

請沿線撕下對折寄回

書名：米米家的萌餐桌

書號：bon matin 140

不一樣的美感
合你不一樣的 [生活美學]

we
might
be tiny

-宋貝比國際有限公司 總代理-

CCACCAM. J
COLORFUL DAYS for MY BABY

韓國
ccaccam.J

調色餐盤 / 美型抖兜

美國 Kangovou 小袋鼠不銹鋼餐具

kangovou

done by deer™

來自丹麥
最溫暖人心的嬰幼品牌

—— 從小養成美感與儀式感 ——

台灣總代理 翊迪股份有限公司

官方網站　Facebook　Instagram

little.b
.born .baby .best .beloved

316雙層不鏽鋼
學習餐具

吸盤碗　　麥片碗　　小寶石湯叉

快樂 自信成長　　吃飯不再是一場災難

▓ 316不鏽鋼　雙層中空不燙手
▓ 凹槽防漏設計　挖取食物輕巧不掉落 ▓ 吸盤吸力穩固不滑動

Hi!BeBé
親 子 購 物

📱領$100好友購物金 🛍購 物 網 站